解毒

现代加工食品

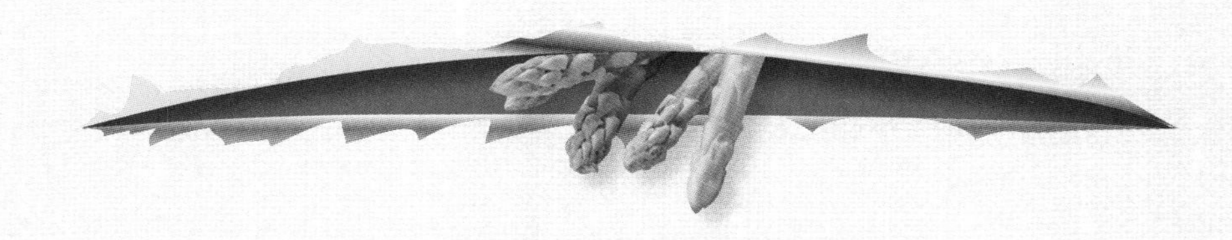

曹健　著

中国轻工业出版社

把经验化成安心健康的文字

经过初生的战乱到台湾的专科教育，早年因生活刻苦，到成年后只存有一个理想，就是将在工作上的实务经验，好好地探讨、研究，把心得做一个汇总，待到老年时，再毫无保留地将这些技术贡献给社会。

我在工作中很早就体会到台湾地区食品危机重重，尤其我接触到的都是销往台湾地区之外、全世界都有生产的水产品、农产品、畜产品，外国公司明白我们的外销食品及工厂生产程序、检验、品管等都有一套完备的系统，所以我经手过的加工食品从没有出现过一次退货。

反而在这几年，眼看着台湾食品状况百出，有含“瘦肉精”的进口牛肉、重毒农药污染的蔬果、被重金属污染的水产，还有多氯联苯、有机氯、二噁英以及化学香料、色素、“毒淀粉”“毒油”、含铜离子污染的橄榄油等。这么多的黑心食品早在2003年，就已在先前出版的《你吃得安心吗？》一书中敬告读者我心中的担忧，今天看来，这些担忧不是没有道理的。

看看现今的现象，我们大家都爱吃漂亮的、有弹性的、有香味的食物，哪管吃下去的是不是有毒的食品，所以今天的食品问题，究其根源，第一是我们被自己惯坏

了，第二是黑心商人只想赚大钱，第三是当局那一套莫名其妙的政策，宛如一辆马车有上千匹马拉扯，四分五裂，而没有人管。

所以我在本书中尽量多地给出提示、多尽点个人的心意，加上出版社的利众精神，共同督促有毒风险食品赶快下市。最后，我要特别感谢协助完成本书的助手曹威先生和林淑绸小姐，感谢他们关心大家该怎样吃才安心、怎样选择食材才能吃得更健康。

目录
Contents

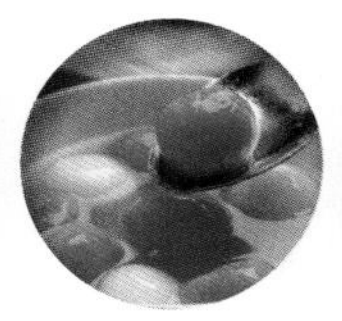

Part 1 现代食物的命运交响曲

走进加工食品大观园

维持身体健康必知

转基因食品与有毒食品

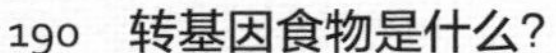

现代食物的命运交响曲

现代文明改变了人类习以为常的衣食住行等各种行为，在“民以食为天”的基础下，食物朝着可耐久藏、多元吃法、调合口味、改变基因等方向前进，只是，这般美食却让人一步一惊心，面对这些化平淡为美味的食物，我们该怎么了解和享用？

色香味美的食物诱惑

身为科技时代的一分子，享受现代化智慧所提供的便利与生活中的妥善照顾，理应感谢文明世界的赐予。但是，随着科技脚步的迈进，人类生活中的点点滴滴却从天然转为人工化，包括衣食住行的种种，渐渐地，人类与大自然的距离也越拉越大了。

人工化的趋势为人类生活带来了转变，一切都向更“精良”的指标前进，住得更舒适，行得更方便，穿得更温暖，吃得也更精致。由于现代的物资不再匮乏，饮食对于人们来说，不再只是为了得到生存的能量，而更像是一种感官的需求。为了满足人们对于色香味美的要求，基础食物在加工业者的巧手下，摇身一变，变成了多彩多姿的精制食品。

从前的人为了将收成物与鱼、肉储存过冬，尝试以盐腌与烟熏的方式来延长食物的保存期限。慢慢地，为了增添食物的口感与色泽，形形色色的添加物开始出现，六十多年来，更是透过化工科学的技术，研发出各种用途的添加物，并由国际组织与各国政府机构制订一套法令规范，以确保这些添加物对人体健康无害。

然而这些化平淡为美味的食品添加物，真能让人安心享用吗？

现代零食与儿童行为的爱与愁

相对于食品科技的不断创新，医学卫生组织也渐渐发现，文明病中出现了许多前所未有的病症，很明显的，诱发这些文明病的因子，就潜伏在我们生活的环境中。其中最令人忧心的一点，就是现代零食与儿童行为问题之间的关联。

You need to know

|速食文化导致的文明病|

有糖尿病、心脏病、肾脏病、肺病、肝病，以及因肥胖而导致的高脂血症和癌症等。

现代加工食品中常添加的色素，很可能是引发儿童多动症的祸首。

尽管国际上已发表许多研究报告，指出，现代加工食品中常添加的色素，正是引发儿童多动症的罪魁祸首，但食品加工业者仍认为，在现行法规下的食品添加行为，并不会给人类健康带来威胁。但是他们也承认，着色剂中的黄色色素——柠檬黄（Tartrazine）与红色色素——胭脂红（Carmine），以及常用来作为防腐剂的硫化物，确实容易引发身体的不良反应，如过敏症状等。

试着想想，假设你是过敏性体质的人，在不断为过敏宿疾寻求解药时，却在不知不觉中持续将可能诱发过敏反应的物质吃进肚子，你的身体会承受何其严重的迫害？仿照国际医学机构与家长们配合记录研究的方法，身为家长的人，也可以试着观察孩子在食用某些加工零食或饮料的前后，情绪上是否会出现明显转变。

为吃进肚子里的东西把关

当你望着商店货架上一排排鲜艳而引人垂涎的食品时，是否可以透过包装上的标示来了解其中的成分，为饮食健康把好关呢？选购传统市场售卖的散装食品及未包装食品时，又该如何依食品外观来判断是否有违法添加物呢？这些与民众生活息息相关的饮食保健资讯，都会陆续在后面章节中分门别类地为读者解析。

如果我们对自己平常吃进肚子里的东西多点认识，懂得避开一些

科学家发现，高温油炸或烘焙的高碳水化合物食品，常含有高量致癌物。

可能对家人和孩子健康造成伤害的加工食品，并善用天然食物的特性，针对自己的体质做简单的食疗，美味与健康其实还是可以兼顾的。

部分添加物可能引发过敏反应

现代人在反复的工作压力下，身体的自疗能力越来越薄弱，加上环境中的污染与饮食中的负担，让身体功能渐渐出现问题，文明病的恐惧也笼罩着人们。

国外医学研究发现，人体即使在没有受病毒侵害的情况下，也可能因为食物中的成分而改变胃肠道中的菌体生态，连带引发其他器官功能的不良反应。在这种情况下，身体首先会发出某种警告，如果不加以重视，可能就会演变成慢性病，或是医生口中“无药可医”的顽疾。

前面提到，部分食品添加物可能引发人体过敏反应，但这些反应也有可能并不是出现在皮肤上，而是以其他方式发出警告，如消化不良、长期精神不振或内分泌失调等症状。

速食文化是文明病的推手

会造成人体胃肠道菌体生态变化的外力因素，除了药物作用，也会因为食物中某些成分在身体中不断累积，而改变体内生态。相关研究报告指出，喜欢吃甜食、碳酸饮料或是发酵食品的人，更应该特别注意身体功能的变化。

另一个被医学界直指为文明病推手的，就是影响现代年轻人极深的速食文化。科学家们发现，以高温油炸或烘焙的高碳水化合物食品，常含有高量致癌物（已经动物试验证实），对人体的影响程度虽未得到确证，但是为了身体健康，还是该对自己的饮食习惯做些调整才好。

食品添加剂的发源

食品添加剂的使用，最早见于中国的祖先。在远古时代，最先利用在染色上，周朝时代用肉桂做香料，北魏用盐卤做豆腐，其后为了保存食品、防腐败及制作腌渍食物，又陆续发现许多添加物的添加应用。

自然界中天然的香料与植物色素，是最先被利用在食物里的添加物。随着科技进步与食品加工技术的日益改进，为了延长食品保存期限，人们也开始懂得利用一些人工合成的食品添加剂来增强食品的色香味。

You need to know

联合报曾经刊登出，美国人幼年时经常吃炸薯条，女孩长大罹患乳腺癌的几率高出27%，哈佛医学院副教授卡琳·麦克斯指出，油炸的食物含饱和脂肪与反式脂肪酸（Trans Fat，氢化油），影响人类心脏血管的健康。

|**孔雀石绿**|带有金属光泽的绿色结晶体，用在淡水鱼养殖中可防止水生霉菌产生，添加的结果是会在鱼体内残留毒性，人吃入这些鱼之后会产生肝毒性和致癌性。养殖的高价鱼也会使用孔雀石绿合成染料，这样会让鱼外观看起来有光泽，感觉比较新鲜。

你应该知道的食物真相

千种添加剂推挤上市

世界上每个国家对食品添加剂的品质、种类、用途、用量（最高允许量），及动物试验毒性，都有明显、正确的告示与规定，且一直在研究哪些食品添加物（尤其是化学合成的）对人体可能产生副作用，随时发现毒性，立刻公布禁止使用。

科技的进步促使食品加工技术向前迈进。而关于食品添加剂，1984年联合国粮农组织与世界卫生组织法典委员会公布了374种合法的添加剂品类，同年，日本厚生省公告不作限制的459种天然添加剂及347种化学合成添加剂。1995年，上海市食品工业研究所收集到的食品添加剂常用部分已达到1097种，不过世界各国因习惯、民族、宗教与地理气候不同，核准使用食品添加剂的品类也不相同。

保健食品不一定保命

食品添加剂所涵盖的范围很广泛，尤其是新增加的对营养有强化功能的维生素、微量元素及保健新型食品。它们相继在市场上出现，借由广告媒体的催化，让人产生错觉，以为这些新研发的食品对人们有绝对的保健作用，甚至具治疗功效，但却使人们忽略其成分的真实性，以及化学合成物的添加。无论是保健食品还是药品，民众在食用前最好都能咨询医学专业人士，并确认其是否经过政府卫生部门检验核准。

此外，一般蔬菜水果在由国外进口过程中，为延长食用期限所喷洒的保存剂也是食品添加物的一种，食用前一定要清洗干净食物。

You need to know

目前被核准使用的添加物分为“天然物”与“化学合成物”两大类，前者直接由天然原料取得；后者则是在制造过程中经过化学变化或化学反应制成。

为什么要加食品添加剂?

美味的食品实在太多，色香味各有特色，但多半摆脱不了食品添加物的作用。诸如炸鸡快餐、油炸方便面、简餐、便餐、饮料、奶茶，它们兼具快速、美味的优点，谁能抗拒得了？但是年轻人正值身体发育的关键时期，营养对他们是多么地重要，而人工添加物大量入侵文明世界，再加上年轻人偏颇的饮食习惯，着实令人担忧。

没有包装与成分标示的食品让人吃得不安心。

加工食品牵制现代饮食习惯

早期的农村生活，人们每天只吃天然的食品，体内的新陈代谢正常运作。但是自从吃进了化学食品添加物后，生理器官的负担加重，再加上运动量少，吃的脂肪多，所摄取的营养也不能均衡地照顾我们的身体。美味食物、食品添加物与营养，三者间环环相扣，都是消费者在选择食物入口的时候必须考量的。

对于有品牌包装的食物，消费者至少可透过包装上的标示来获得它的成分内容，最怕遇到的就是没有包装与成分标示的食品。为了食品的卖相与口感，有些黑心业者仍会添加明知对人体健康有害的添加物，如有些生产油炸蚕豆酥的从业者，油炸前会用工业漂白剂来漂白蚕豆，以提高油炸后的美观度。

这些食品添加物正不知不觉地渗入我们每个人的饮食生活中，特别是媒体也一味炒作美味诉求，却忘了提醒消费者要注意化学食品添加物的毒性。目前，许多大型厂商所生产的食品，都会在包装上标明不添加色素及防腐剂，让消费者安心食用。

但是，真正值得注意的食品添加物并不仅止于这两项。消费者要如何透过食品的特性及外观，判断其化学添加物的使用情形，进而为自己的饮食健康把关呢?

所以我依据多年的工作经历与专业认知，再综合归纳医学界各方研究，针对目前市场食品现况提出相关资讯和心得，打算与读者一起分享这本“加工食品白皮书”。

食品添加 法规怎么说?

首先，我们要知道食品添加物是否有存在的必要，以及明文法规上的限定与定义。

《中华人民共和国食品安全法》对食品添加剂所下的定义是:“食品添加剂，指为改善食品品质

早期有些黑心从业者会用工业漂白剂来漂白蚕豆，让油炸后的蚕豆仍保有美丽外观。

食品加工制造过程中加入的添加物、规格、范围、限量都要符合食品安全国家标准。

和色、香、味以及为防腐、保鲜和加工工艺的需要而加入食品中的人工合成或者天然物质，包括营养强化剂。”

食品添加剂的使用原则、允许使用的食品添加剂品种、使用范围及最大使用量或残留量，应符合GB 2760—2014《食品安全国家标准 食品添加剂使用标准》的要求。食品安全标准是国家强制执行的标准。

再来看看美国食品与药品管理局（Food and Drug Administration, FDA）的规定：

一般公认为安全的食品添加物，必须受到下列一项或者是数项规范。

1.该食品添加物存在于某一种天然

食物中。

2.所添加之食品添加物，一旦吃入消费者体内，很容易通过新陈代谢排出体外。

3.所添加之食品添加物，其化学结构与已知天然食品中安全食品很接近。

4.所添加之食品添加物，在世界上已被使用超过30年且又安全者。

对于食品添加物，各国家或地区都有官方核准的标准，但是有些从事加工的业者无视法令，令人头痛。也许他们未详读资讯，也可能他们根本不把消费者的健康当一回事，如将一氧化铅添加在皮蛋液内；炸油条要酥脆、虾仁炒炸要酥脆、内脏卤味切片口感也要脆，于是添加了硼砂；鱼丸要白，要用双氧水来漂白。这些一氧化铅、硼砂、双氧水、饲料中的抗生素、杀虫剂等，都是导致人体中毒的元素。

一般人提到食品加工中的化学添加物，可能只会把重点放在“防腐剂”与“色素”两点上，殊不知现代科技下的化学添加物，不仅是造就精致美味食品的推手，也是促使许多现代文明病发生的罪魁祸首，而其种类繁复程度，绝对超出消费者想象。

小心这些危害很大的添加行为

1.欺骗性食品，本身无营养价值，但因添加食品添加剂后，以高价销售。例如仿制的假鱼翅。

2.食品本身已开始腐败、滋生霉菌，经水洗泡药后，再加入食品添加剂。最常发生在市场小贩的零售商品中。

3.伪造人参、燕窝、鱼翅，以加工技术仿制供高级酒楼的食材。

4.使用政府已明令注销的有损害人体健康之疑的食品添加物，或购

You need to know

原则上食品加工过程中使用的添加物应依法标示，但若在最终食物成品中已不存在或因微量而对最终食品不发挥效果的加工助剂，可以免除标示。

不良业者会在油条中添加硼砂增加酥脆口感。

买工业级药品，来当作食品添加物使用。例如，将便宜的工业色素作为食品添加物；将鱼肉、鱼丸用双氧水漂白，致使过氧化氢残留；或是在虾仁中添加硼砂，给人体健康造成威胁；还有，油条中添加硼砂、皮蛋使用一氧化铅来做松花、用工业漂白剂做蚕豆酥等，这些都是常见且明显违法的例子。

到底用它来做什么？

不管来自“天然物”还是“化学合成物”，食品添加物之所以被人类找出来应用就有其主要添加目的，到底有哪些必要性或作用呢？可从“加工必需”“延长保存”“提升品质”“美化外观”“补充营养”5大类对添加物做初步的认识。

食品加工所必需

豆腐用的凝固剂：硫酸钙、葡萄糖酸-δ-内酯。

拉面用的碱水：碳酸盐、磷酸盐。

人造奶油用的乳化剂：大豆卵磷脂。

饼干用的膨松剂：合成膨松剂。

油脂抽出用的溶剂：正己烷（Hexane）。

酶：淀粉酶、蛋白酶、木瓜蛋白酶。

其他：酸类、强碱类、硅藻土（过滤助剂）。

提升保存性和预防中毒

用于食品保存&毒素抑制：己二烯酸（防腐剂）、亚硝酸盐（发色剂，抑制肉毒杆菌），无水醋酸钠，使用在人造奶油、乳酪、奶油中。

用于抗氧化及防止品质劣化：BHA、BHT、维生素E、维生素C、异抗坏血酸。

提升食品品质

乳化剂：脂肪酸蔗糖酯、脂肪酸甘油酯。

黏稠剂（糊料、胶化剂、稳定剂）：鹿角菜胶、CMC、海藻酸。

其他：肉制品使用的磷酸盐（结着剂）、口香糖使用的甘油（软化剂)。

美化食品外观

着色剂：食用红色素6号、叶绿素铜钠。

保色剂：亚硝酸盐、硝酸盐。

漂白剂：亚硫酸盐。

光泽剂：棕榈蜡（Carnauba Wax）。

调味剂（酸味剂）：冰醋酸、柠檬酸、酒石酸。

调味剂（甜味剂）：甜叶菊、阿斯巴甜、糖精。

调味剂（鲜味剂）：味精、肌苷酸钠（IMP）、鸟苷酸钠（GMP）、琥珀酸钠。

香料：天然合成香料（Vanillin等）。

其他（苦味剂）：咖啡因。

※茜草红色色素是从西洋茜草中提炼的红色色素，若过量添加到鱼、肉中，人们食用后容易得肾脏癌。

补充强化食品营养价值

维生素：维生素B_1、维生素B_2、维生素B_6和维生素B_{12}（水溶性）及维生素A、维生素D和维生素E（脂溶性）。

氨基酸：L-赖氨酸、L-苏氨酸、L-色氨酸、甘氨酸。

矿物质：钙类、铁类、锌类、铜类。

※绿矾：即硫酸亚铁 $FeSO_4 \cdot 7H_2O$ (Ferrous Sulfate)，铁类之一，淡绿色结晶，空气中有荧光光泽，同时加入本品0.033%和明矾0.33%可增加豆沙的光泽并具护色作用，是营养强化剂，有收敛性口味。

食品加工流程走一走

想知道现代的食品加工到底是怎么个加工法吗？从原料、进入工厂加工，再历经包装、输送，最后到你的手中，这环环相扣的过程，每一步骤都要控制得宜，一有缺失很可能会导致加工品的腐败，甚至诱发毒性，不得不谨慎小心。只是加工食品种类何其繁多，在此仅挑选深受多数人喜爱的炸鸡来做实例说明，让读者知道加工过程中添加物的加入与作用。

美味炸鸡加工流程

❶ 原料鸡**全自动宰杀→分类→冷却→速冻→送至商家→解冻**

↓

❷ 腌浸调味料（**咸味料：**盐→**鲜味料：**味精→**香辛料：**胡椒粉）→滴干

↓

❸ 裹衣（**咸味料：**盐＋**鲜味料：**味精＋**黏着剂：**磷酸盐＋**淀粉：**变性淀粉＋**膨松剂：**碳酸钠、碳酸钾）→油炸出半成品→180～220℃高温油炸（以椰子油、棕榈油或氢化植物油为主）

↓

❹ 即食成品：油炸物潜藏的危机！（新油→高温油炸→易使油脂变质→酸化油脂＋新油→重复经高温油炸→更加速油脂酸化）→食入人体

影响 1.影响胃肠运作。 2.增加低密度胆固醇。3.使血脂浓度增高，增加心脏负担。

口口美味 步步危机

我想，很多消费者不知道现代的食品添加剂究竟被滥用到什么程度，有些看起来很让人垂涎的美味，根本就是裹着糖衣的毒药，一吃下肚，后患无穷。所以我将这些食品添加物分成三个警示区来介绍认识，从碰不得的“非法滥用添加”“合法但要小心限用”，再到“一般食品常用”，依次分为高危险区、慎用区、普罗大众区三类，好让大家知道添加物的利害之处，要想吃得健康，最好做到滴水不漏、知己知彼，才能严防危险入侵，保护自己与家人健康。

鲜艳诱人的色泽，是否可以让人吃得安心?

注意1 非法滥用添加——高危险区

红色2号：漂染食物用。颜色特别美观，近乎可怕的红色。

焦油色素：早期使用的焦油色素会致癌，目前已禁止使用。

碱性嫩黄（Auramine）：过去多被用于糖果、黄萝卜、酸菜与面条等。在紫外线下呈现黄色荧光，毒性甚强。

◆摄入量多时，在20～30分钟后有头痛、心悸亢奋、脉搏减弱、意识不清等症状。

玫瑰红B（Rhodamine）：漂染食物用。颜色特别美观，近乎可怕的红色。

◆急性毒性为全身着色，排出红色尿（有时误为血尿），慢性毒性也强，食用会有极大的危险性。

甘素（Dulcin）：甜度为白糖的90倍，常被用在酸梅、瓜子、肉松、卤豆干及蜜饯中。毒性比糖精大。

◆入口时舌根会苦甜，与酸共同食用会产生血液毒素，长期食用会对肝、胃及肾造成伤害。

过氧化氢（Hydrogen Peroxide）：多用于鱼丸漂白及杀菌，目前已禁用，食品中若有过氧化氢残留即违法。

◆曾有报道可能具有致癌性。

吊白块（Rongalit）：本为工业用（布料）漂白剂，是以甲醛结合亚硫酸氢钠再还原制得，具毒性，味道浓呛。多被用在油炸蚕豆酥上，也曾有使用在米粉及口蘑的案例。

◆食入后胃会发热。中毒时会产生头痛、晕眩、呼吸困难及呕吐症状。

溴酸钾（Potassium Bromate）：制作面包时帮助酵母发酵，改良面包组织；或加入油炸制品中，使其在油炸后网状组织效果增强。因毒性强，目前已禁用。

◆曾有报道可能引起肾脏癌。

氧化铅：做皮蛋时使用，无法由食品外观辨识得知添加与否，必须做化学检验分析。

硼砂（Borax）：为硼酸钠的俗称，毒性强，世界各国多禁用， 但我国自古即习惯使用，多用于油条、鱼丸、烧饼、油面、年糕等。

◆连续摄食会在体内蓄积，妨碍消化酶的作用。其中毒症状为呕吐、腹泻、红斑、休克或昏迷等，即所谓硼酸症。

铜盐：硫酸铜早期用在罐头干豌豆中，用于染色，也作杀虫剂用。在柑橘收获季节喷洒，柑橘表面会有铜绿色残留，要小心铜中毒。

注意2 合法但要小心限用——慎用区

苯甲酸（又称安息香酸，Benzoic Acid）：难溶于水，易溶于酒精，且易在加工中随水蒸气挥发。同己二烯酸，但苯甲酸用量少，毒性大。

◆苯甲酸易起人类肝脏代谢不良。

苯甲酸钠（Sodium Benzoate）：易溶于水，是酸性防腐剂，有少许药味，早期用在酱油、酱菜中，毒性比己二烯酸钾强，有逐步被己二烯酸钾取代的趋势。

※春卷皮、豆浆：过去添加有毒的苯甲酸来当防腐剂，会引发胃痛、肝脏病变；苯甲酸不溶于水，后有商人改用可溶于水的苯甲酸钠，要小心的是，1.18克苯甲酸钠含有1克苯甲酸，因易溶于水，一般检验不出。而可口可乐、芬达汽水则含有苯甲酸钠。

对羟基苯甲酸乙酯（Ethyl *p*-hydroxybenzoate）

对羟基苯甲酸丁酯（Butyl-*p*-hydroxybenzoate）：以酱油为主，易溶解。酱油加热到80℃后才加入。

◆酯类不宜大量摄食。

联苯：是一种有机化学溶剂，不是食品的溶剂，具毒性。我国台湾地区曾发生过一起工业灾难，起因即是联苯。绝不可混入食用油中，仅可用于水果外皮。

山梨酸钾：酸性防腐，日本及我国台湾地区生产梅干时大量使用（500毫克/千克，或山梨酸基）。白色无臭结晶，防腐防霉。

丁基羟基茴香醚（BHA）：抗油脂氧化，同时有强力抗菌效果。油脂加热至100℃时会升华挥发。

◆曾有报道指出其可能对身体有不良影响。

二丁基羟基甲苯（BHT）：抗油脂氧化，耐90℃高温。多添加于猪油中。

◆目前在英国已禁用，研究发现其可能造成肺肾伤害，或导致行为问题、营养不良、免疫系统功能减弱、新生儿缺陷及癌症。

亚硫酸钠（Sodium Sulfite）：兼具防腐及抑制杂菌之效。多用于干黄花菜（残留量4.0克/千克）、白葡萄干（SO_2残留量2.0克/千克）、脱水蔬菜（SO_2残留量0.5克/千克）、糖浆（SO_2残留量0.39克/千克）、蜜饯（SO_2残留量0.1克/千克）及虾类的防止黑变。

◆过量会造成气喘病人发生气管痉挛等现象。

糖精（Saccharin）：钠盐的一种。白色粉状，多用于酸梅中。

亚硝酸盐（钠盐）（Sodium Nitrite）：微带黄色的棒状结晶性粉末，外观犹如食盐，易溶于水，在空气中被氧化成硝酸钠。毒性很强，用量很少，一般添加在肉制品中以抑制肉毒杆菌。

◆过量时会与仲胺作用产生致癌性的亚硝胺，毒性极强。

硝酸盐（钠盐）（Sodium Nitrate）：无色无臭，透明结晶粉末。有一点咸味及苦味，可溶于水，吸湿性小，高温杀菌会分解成亚硝酸盐。用于长时间腌渍肉制品。通常会与亚硝酸盐及维生素并用，兼具发色及防腐之效。

◆公认为危险物质，但因其可抑制肉毒杆菌，故不禁用。

黄色4号：多用于脱水蜜饯及西点中，在油面与部分水果饮料中也常见添加。

◆可能引发过敏反应，美国政府已要求业者标示警告语。

叶绿素铜钠盐（Sodium Copper Chlorophyllin）：为青黑色金属光泽粉末，具有胺臭，易溶于水并呈青绿色，常添加于口香糖、泡泡糖，具除臭效果，多吃对肾脏有毒害。

◆添加于食品中有限量范围，但不可在油品中添加，因为油品中呈现的绿应该是从植物油中提炼而产生的，并用以判断油品好坏，若添加叶绿素铜钠则会影响油的品质判断。人体每日摄食安全范围在15毫克/千克以下。

注意3 一般食品常用——普罗大众区

主要作用是在食品尚未变质腐坏前加入，让食物保存得更久。盐、糖属于天然的防腐剂，也有人工合成的，介绍如下。

己二烯酸（又称山梨酸，Sorbic Acid）

外观：无色针状结晶或白色结晶，或压碎后呈粉末状。

特性：稍有刺激药臭，因其为酸性，不易溶解于水，使用上较不易，只溶解于酒精，通常较少使用。一般多用在鱼肉炼制品、肉制品、花生酱、酱菜类。含水25%以上的萝卜干、豆皮、豆干，不可超过2.0克/千克；煮熟豆、酱油、味噌、豆腐乳、脱水水果，含量1.0克/千克以下；果酱、果汁、奶油、番茄酱、辣椒酱、糕饼则为0.5克/千克以下。

安全识别：此为抑制微生物生长之用，并非杀菌剂，故有时要看添加了此种防腐剂的食品内容物及包装是否有异状。例如，包装内如产生气体，使包装成鼓形，或包装内容物、食品产生碎屑及黏丝，都是已失效的危险食品。

应用范围：休闲食品、袋装甜不辣、调味豆干、糕饼（煮熟豆，不包括豆馅）。

此种防腐剂效果好，多用在有酸性的食品中，消费者要特别检查此类食品的保质期，越是接近保鲜期限，越有危险性，因为保存时间过长，防腐剂易受日光、温度及原有加工食品本身影响（如原本已腐坏的牛肉干、猪肉干，处理过后再添加防腐剂的有效期很短，很容易再变质。）

※本防腐剂若是在添加过程使用错误，例如在黄豆干调味加热前使用，加热后随同蒸汽一同挥发，待加工结束、包装完毕后，不久就会出现问题。此为使用失当之结果，并非原来食物已败坏。

为了抑制微生物生长，肉类加工品中会适量添加己二烯酸。

己二烯酸钾（又称山梨酸钾，Potassium Sorbate）

外观：白色颗粒或鳞片晶体，多磨成白色粉末状，无色。

特性：因其易溶于水，使用上极为简单。一般多用在相同山梨酸的加工食品中，如添加吸氧剂在食品包装内，防腐效果会更好（己二烯酸1克＝己二烯酸钾1.4克。己二烯酸为油溶性——用于含油脂及pH低的食品；己二烯酸是水溶性——使用方便）。

丙酸钠（Sodium Propionate）

特性：加入面包及糕干点心中，可防止滋生霉菌。

合法使用的杀菌剂多属氯系化合物，其中非常重要的是对食用水以及加工器具、工厂环境杀菌消毒，施用极为广泛。大家知道氯系杀菌剂在食用水中，余氯量不可超过1毫克/千克，而且不是专业人士或受过训练的人，很少有人能掌握用量，常可能适得其反，而造成一般性食品的二次污染。相比之下，这比政府合法标示的防腐剂添加量对人体伤害更大，特别是清洗蔬果时无法彻底将清洁剂、杀菌剂清洗掉，反而让人们吃进更多有害物质。下列所列举的都是常见于自来水及清洁剂中的添加物。

氯化石灰（即漂白粉，Chlorinated Lime）

外观：白色粉末、强氯气臭。

作用：用于饮用水及食品加工用水，残氯量0.5毫克/千克无毒性。

应用范围：自来水厂利用强烈氯气在水中的氧化作用，杀死水中细菌，有自动定量仪器，按水中有机质含量多少，随时调节，以保持自来水出厂前1毫克/千克的含氯量，输送至消费者住家0.5毫克/千克刚好。在家里煮开水时，沸腾开盖2～3分钟后，让氯气随蒸汽升华，就可得到如矿泉水般的水质。

次氯酸钠液（Sodium Hypochlorite Solution）

特性：中性、杀菌效果强。

作用：用于食品加工厂的快餐餐盘的杀菌消毒，以及防止地面水沟产生臭味、滋生虫害及霉菌。

应用范围：经稀释后，可用于水产加工，去除鱼类腥臭，杀菌效果很好，易生霉菌的环境，以20毫克/千克浓度喷洒，第二天即完全清除。

三氯甲烷（Trichloromethane）

作用：一般家用自来水从自然水源汲取，经净水厂混合凝胶（添加聚氯化铝＆氯气消毒杀菌），最后送至用户家中的过程需要两次添加氯气，然而氯气与水中杂质（有机物）结合后，会产生氯有机化合物，称为“三氯甲烷”，是致癌性物质，对人体健康有相当大的伤害。

You need to know

｜**双氧水杀菌**｜现规定过氧化氢不得残留在食品中（原规定尚可有10毫克/千克的微量残留，现在已完全不允许），所以对鱼丸制品杀菌及附带漂白的手法，希望消费者多注意。

｜**民生用水**｜自来水公司净化民生用水采用聚氯化铝（PAC）来胶凝沉淀水中的杂质和脏东西，如果水浊度太高，则不行。

｜**工业污水处理**｜工业上因重金属铁、砷、锰成分偏高，故用PAC来处理污水让杂质沉淀。标准水质重金属含量为0.05毫克/升。

应用范围：标准自来水中，规定三氯甲烷含量不可超过0.1毫克/千克。目前市面上出售的3种常见净水器：R.O.逆渗透水机、软水器及蒸馏水制造机，均能除去自来水中的三氯甲烷与细菌，留下矿物质。而一般家庭饮水在煮沸3～5分钟后，三氯甲烷也几乎挥发殆尽。

乳化剂又称表面活性剂，能够将不易混合的两种液体，在均质机的协助下快速混合均匀，是美化食品用得最多的添加剂之一。冰淇淋、杯面、杯粥，尤其是速食的食品及各种酱类，都可能添加乳化剂。

脂肪酸甘油酯（Glycerin Fatty Acid Ester）

外观：白至淡黄色粉末、薄片、粗末或蜡块状，或半流动黏稠的液体，可溶于酒精及油脂，不溶于冷水，可与热水搅拌成乳化液。有特异的臭味。

作用：保持两层水与油，充分混合，发泡稳定不破碎，也可作为稳定剂，使冰淇淋组织细腻润滑；或作增黏剂，提高面包组织柔软度。

应用范围：人造奶油中用量大，蛋黄酱、糖果、泡泡糖、巧克力糖中也有添加，以防黏牙。

蔗糖脂肪酸酯（Sucrose Fatty Acid Ester）

外观：同上。

作用：它是用途最广的一种乳化剂，亲水性最强，具有表面活性，可延缓淀粉蒸熟后的老化变硬。

应用范围：蛋糕、面包以及糖果、饼干的品质改良，羊羹防糖结晶。

杯面、杯粥是现代人喜爱的速食类加工食品。

大豆卵磷脂（Soybean Phospholipids 或 Soybean Lecithin）

外观：淡黄至棕色，透明或半透明的黏性物质。

作用：因含24%蛋黄素（Lecithin），为天然乳化剂，是制大豆油的副产品。主要存在于大豆、蛋黄、花豆、玉米中，可用作抗氧化剂、稳定剂、表面活性剂。

应用范围：多用在花生酱、沙拉酱、含油的酱类中，防止油与固体物质分离。

多用于果冻、冰淇淋、酱料、糖果及西点中。早期水产罐头中的番茄糊，成本昂贵，有些业者用木瓜（红色者）和人工合成的糊料羧甲基纤维素钠（C.M.C.）制成糊放在沙丁鱼罐头中，低价外销。

海藻酸钠（Sodium Alginate）

作用：冰淇淋的稳定剂，防止体积收缩及组织砂状化。

瓜尔豆胶（Guar Bean Gum）

作用：用于冰淇淋、方便面、火腿、炼制品及各类调味酱中，可使组织稳定，并保持黏稠性。

酪蛋白酸钠（又称干酪素纳，Sodium Caseinate）

作用：添加于面条中，使各成分黏结好。

天然色素在加工、生产及储藏过程中，颜色极可能因受高温、酸碱破坏而产生变化。为美化食品外观，制造商常添加各种人工食用色素，以达到色彩美感，刺激消费者食用欲望。

食用红色6号（New Coccin, Cochineal Red A，胭脂红）

外观：红色至暗红色的颗粒或粉末。

特性：可溶于甘油及水，耐热、耐光性稳定。碱性时变褐色。

应用范围：是加工食品中用得最多的色素，如肉品、香肠、酸乳、饼干、糖果等食品中皆可发现。早期在油炸豆皮、蜜饯中也大量使用。

食用黄色5号（Sunset Yellow FCF，日落黄）

外观：橙红色的颗粒或粉末。

特性：可溶于甘油及水，水溶液为橙色，抗热，碱性时会变橙褐色。

应用范围：食品着色，使用最普遍的色素之一。

天然色素常因加工过程而流失，因此制造商会加入各种人工色素，丰富食物的颜色。

食用蓝色1号（Brilliant Blue FCF，亮蓝）&食用青色1号

外观：带红紫色光泽的颗粒或粉末。

特性：易溶于水，呈蓝色，酒精中呈淡蓝色。

应用范围：可混合其他色素成绿色、红豆色、巧克力色，混合色素时用得最多的一种。

You need to know

|**天然色素**|存在于植物中的天然色素，可从有色食物中提炼出来，像是姜黄、红曲、胡萝卜素、番红花及绿茶粉。

|**焦糖色素**|过去被列为天然色素的焦糖色素，改列为添加物。过去最常用于酱油、可乐中，现因4-甲基咪唑（4-MEI）等焦糖色素衍生物，会引发动物癌症，规定今后不得使用在生鲜肉类、生鲜水产品、生鲜贝类、生鲜蔬果中。业者主要用以掩盖食品腐败现象，会影响民众判断产品是否新鲜。政府规定与欧盟、新西兰、澳大利亚等国家和地区一样，依联合国食品法典，第三类焦糖色素4-甲基咪唑，其每千克不得超过200毫克。

肉品在加工时，经高温处理杀菌，肌肉会变色，视觉上比较难以引起食欲，为了增加卖相，保持肉品原来的鲜艳色彩，因而添加发色剂至食品中。此必须在酸性情况下，而且不被氧化（要除去氧），保持还原状态，所以除了添加发色剂外，尚须添加维生素C（也是抗氧化剂之一）及异抗坏血酸盐等还原剂，以及发色助剂（防止发色剂作用体氧化），才能达到肉品发色的结果。

值得注意的是，亚硝酸盐及硝酸盐具有毒性（可参考慎用区介绍），但因其可抑制肉毒杆菌，所以在肉品加工的使用中，仍相当普遍。

抗坏血酸（维生素C）及其钠盐&异抗坏血酸

特性：从字面上看起来有些可怕，但这是良好的发色剂，安全性比亚硝酸高。麦芽酚可与肌红蛋白中的铁结合，可防止肌红蛋白变色。

为使糕饼或面包等食品在制作过程中产生膨胀作用而添加的物质，目前公告可以使用的有二氧化碳膨松剂及合成膨松剂等。

碳酸氢钠（Sodium Bicarbonate，又称小苏打）

外观：白色粉末，结晶形块状。

特性：没有毒性，加热50℃以上释放出二氧化碳，变成碳酸钠。

应用范围：饼干、煎饼用的较多。

碳酸氢铵（Ammonium Bicarbonate）

外观：无色透明。

特性：具氨臭，60℃加热后氨升华，二氧化碳挥发。

应用范围：主要用于广式点心中，叉烧包皮用的多，中式早点油条的膨化剂。

合成膨松剂（Baking Powder，又称发粉）

外观：白色粒状粉末。

特性：配合酵母发酵，可使内部面团组织口感细腻、柔软。

应用范围：多用于广式点心以及包子、馒头中。

膨松剂是糕饼、面包类食品中常见的添加物。

米果、薯片这类休闲食品因不易保存，会在其中添加抗氧化剂。

目前市面上，以包装方式销售的油炸食品越来越少，主要是因为油炸食品不容易保存，加上抗氧化剂成本又高，添加技术也很困难，所以市售产品中应用的并不多。目前可发现的，多偏向于休闲油炸食品，如米果及薯片，其抗氧化剂多采用合成维生素C。

L-抗坏血酸（维生素 C, L-Ascorbic Acid）

外观：白色或略带黄色的结晶（或粉末）。

主功用：有酸味，无毒。

应用范围：用于肉干、薯片、米果、果酱、果汁中，防止变色、变味，前面已提到可作肉类发色助剂（其与肉中所含氧先氧化），最好以真空袋包装保存较为新鲜。

异抗坏血酸钠（异维生素 C 钠, Sodium Erythorbate）

特性：抗氧化力强、用量少、无毒。

应用范围：一般蜜饯在漂白后、染色前，将漂白剂清洗完全后，立刻经此添加剂处理，防止漂白氧化变色，再染红或染绿，可使蜜饯水果保持染色后的鲜艳色泽不变。

生育酚（维生素 E）

特性：单独使用于油脂中。

大豆脂氧合酶（Lipoxygenase）

特性：低温脱脂大豆粉，也是天然漂白剂。

食品添加物中，用得最普遍的一类，可分为鲜味料、酸味料、甜味料、辣味料及苦味料。

鲜味料 **白糖、盐、醋均是家庭中常见的调味料，因其多取自于天然物质，所以一般消费者没有多注意，我在此提醒大家，与我们生活息息相关的调味料，实际上潜藏了许多致病危机在其中。**

L-谷氨酸钠（又名味精，Mono Sodium L-Glutamate）

外观：白色柱状结晶。

特性：如与食盐混合（食盐100克＋味精15克），鲜度呈味最佳。在酸性食品中，会变质，若是吃下过量味精，身体可能会有过敏现象发生，像是舌头麻木、两颊发麻，对健康有极大威胁。

5'-肌苷酸二钠（Disodium-5'-inosinate）&5'-鸟苷酸二钠（Disodium-5'-guanylate）

外观：白色结晶体。

特性：天然鲜味。经85℃加热处理后的食物，添加0.0035%就能提味。此两种核苷酸，出现在一般人称为“高鲜味精”的产品中，添加了5%～12%的味精，呈味为味精鲜度的8倍，鲜味比较自然，也没有过敏现象，价格略贵。要注意的是，不适合腌渍生鲜的调味。

酸味料 **醋酸（Acetic Acid）＆冰醋酸（Acetic Acid Glacial），为无色透明液体，天然发酵醋中含5%～10%醋酸，香味柔和。可用3%醋酸来腌拌凉菜，市面上少有浓醋酸。冰醋酸为工业合成品，刺激性很重，食用对人体不佳，要注意。**

※在加工食品中，酸味料多为天然的鲜柠檬，在西餐馆、快餐、油炸食品中，常作提鲜香味及去腥味之用，自然

美味。但在果汁中，可能添加工业生产的柠檬酸，如蜜饯、腌制品、果汁、酱菜。工业合成的柠檬酸有一股刺舌感，酿造醋酸口感柔和，消费者应可分辨。凉拌菜如果有刺舌的酸味，最好不要吃，可能用了工业醋酸。

苹果酸

特性：本来存在于各种天然水果中，属于柔性酸，目前已在工业上大量生产，特别是在软糖、人造奶油、沙拉中均有添加使用，尤其适合油包水型乳化剂，对热也稳定。L-苹果酸对高血压有助益。例如无盐酱油可用氨基酸液添加25%～30%苹果酸钠，因其有类似食盐的味道，对糖尿病人也有助益。

冰醋酸

特性：具抗菌防腐效果，属酸性调味剂，虽然属于合法调味剂，却被法令列为危险，因为还有另一种工业用冰醋酸含有水银，具有毒性。

甜味料 **白糖、果糖、麦芽糖及蜂蜜均是家庭中常用的调味甜味料。工业上甜味料用得最多的是各种淀粉酶转化出来的糖浆，用在辣椒酱、番茄酱、酱油膏及各种酱料中以增加甜度和浓稠感，其热量不低，要控制食用分量。**

葡萄糖酸-δ-内酯，（Glucono-δ-Lactone）

外观：白色结晶、粉末。

特性：先甜后酸。此剂多是作日本嫩豆腐、盒装或袋装豆腐凝固剂之用。消费者多以为豆腐是用石膏凝固的，其实此添加物加入豆浆中，立刻封袋，将此袋放入80～90℃热水中杀菌时，本剂自行在15分钟内分解成乳酸，豆浆也开始硬化成豆腐。所以我们购买的日本嫩豆腐稍有酸性，即含有乳酸。

木糖醇（Xylitol）

外观：白色结晶。

特性：无臭味、有清凉甜味，拥有蔗糖65%的甜度。存在于天然水果中，化学法由玉米芯或甘蔗渣水解而得，属于营养甜味剂。

应用范围：主要为口香糖及糖尿病者的代糖，同时作为防止龋齿用的甜味剂。

麦芽糖浆（饴糖，Malt Syrup）

应用范围：可添加在着色剂中烘烤上色；添加在增香剂中烘烤增香；添加在吸湿剂或组织改性剂中做馅料；添加在稳定剂中做酱料；添加在增稠剂中制西点与糖果。

属于调味料的一环，但因其人工合成的属性，在包装成分标示上与调味料略有区别，必须明白标示出其“用途名称”与“品名或通用名称”，如有添加人工甜味料“阿斯巴甜”的食物（包括代糖锭剂及粉末），应该以中文清楚告知“苯酮尿症患者不宜食用”。

D-山梨醇（D-Sorbitol，又称己六醇或山梨糖醇）

外观：白色无臭针状结晶或粉末、片状、粒状，存在于海藻、苹果、梨、葡萄及一些植物中。

特性：只有砂糖60%的甜度，易溶于酒精及水中，呈酸性。

应用范围：有保湿性，其60%浓度的水溶液可防霉，可作糖果添加剂，大量添加无毒性，但吃了超过50克的量有产生腹泻的危险。在上海市就曾经有商人加工新式糖果，采用过量的D-山梨醇做水果糖，市民吃后腹泻，被上海市政府禁止大量添加在加工食品内。

环己基氨基磺酸钠（Sodium Cyclamate，又称甜蜜素）

外观：白色针状、片状或磨碎结晶粉状。无臭。

特性：比白糖甜30倍，自然甜而不苦，对热、光、空气都稳定。

应用范围：主供糖尿病患者代糖使用，有时糕点、饼干、冷饮、面包中也会添加。

You need to know

|**玉米糖浆**| 对肝脏不好。

|**聚合糖**| 是比较好的糖。

|**苹果胶**| 可降低体内总胆固醇与坏胆固醇，对肝脏的新陈代谢好。

|**橘子**| 是很好的水果，带有天然抗氧化剂成分，对肝脏的新陈代谢好，但肠胃功能不佳者不宜多吃。

香料

为增加食物的嗅觉诱惑与口感魅力，香料成为食品加工不可或缺的一项添加物。此处介绍的香料，多用于饮料、果冻、西点蛋糕、冰淇淋、饼干、糖果、口香糖、果酱、五香卤料及咖啡香料中。

一般香料可分为人工合成香料和天然香料。工业上大量制造的食品，以添加人工合成香料为主，因量大、价格便宜、使用方便，而且人工合成香料日新月异，品种选择非常多，有许多人工香料已经让人分辨不出到底是天然的还是人工合成的，口感之美妙可想而知。

天然香料则指卤料、五香粉、印度咖喱粉等。曾让欧洲人大感神奇的印度香料与南美的天然香料，不但能在烹饪中创造出无价的美味，也有健康疗效。今日风靡全球的香精油就是一种健康医疗上的助剂。

中国餐饮中用的香料，以天然为主，如卤肉用的八角、生姜、葱、大蒜与五香粉；西餐为去除鱼腥及羊、牛肉的骚味，多用混合香料丁香、罗勒、迷迭香、百里香、胡椒、大蒜等天然食材；西点糕饼中添加的天然香料不多，以香草荚及肉桂为主。

You need to know

人工、化工合成香料，常添加于面包、饼干内，常吃会危害肾脏。

本剂常出现在我们日常食品中，特别是白色面粉制品，像是白馒头、包子类食品，多采用漂白面粉（去除胡萝卜色素及蛋白质分解酶）。此外，脱水干燥水果片也会用亚硫酸盐（还原型）漂白，但保存期限不长，含氧多，长时间存放后又回复原来漂白前的颜色。芒果干、菠萝心及蜜饯果干中用得较多。

亚硫酸氢钠（Sodium Bisulfite，又称超白精）

外观：白色粉末。

特性：有二氧化硫臭气，强还原性，易溶于水。

作用：防止甘纳豆、脱水蔬果、菠萝、虾的异变，用于西式蜜饯中，除了防止变色（漂白）外又含有防腐作用，吃多了可能发生肠胃消化不良。

※业者使用还原型漂白剂时，为了不让食品很快恢复原色，其残留量往往会大于规定的标准，要特别注意！

（此剂多是为了防止糖与氨基酸反应产生褐变，消费者在选购袋装食品时，请注意是否有产生褐变。）

以往制作面包时，会添加溴酸钾，现在已经禁用，因为添加后会对面粉中含有的维生素B_1产生破坏，目前常见的是业者为了让面粉呈白色所添加的漂白剂——最便宜的氯酸盐。

硬脂酰乳酸钠（Sodium Stearyl Lactylate, SSL）

外观：淡黄色粉末。

特性：有特异臭味。适合用于面条、包子、馒头的漂白。

亚硫酸氢钾（Potassium Bisulfite）

外观：白色、无臭、粗粉状。

特性：易溶于水，呈碱性，遇酸分解成二氧化硫。

※二氧化硫太多，对胃不良。

作用：有漂白兼防腐作用。

安全范围：脱水水果及蜜饯的二氧化硫残余量上限为0.5克，糖渍果实为0.1克/千克，较严格。防止黄花菜干制品褐变，二氧化硫残留量4克/千克以下。防止虾及贝类黑变，二氧化硫残留量为0.1 克/千克以下。

此种营养食品添加剂，多用在经加工（包含杀菌、油炸、干燥、冷冻）而破坏原有营养素的食品中，目前只需添加微量就已足够。

奶粉：添加脂溶性维生素A、维生素D、维生素E，以及钙、ω-6、ω-3脂肪酸、B族维生素。

白面粉：添加DL-苏氨酸以强化氨基酸，其与L-赖氨酸作用。
白米：添加维生素B_1，以及DL-苏氨酸（同上作用）。

增强鱼、肉类制品黏性的添加物质，有磷酸盐等品种。

重磷酸盐（Polyphosphate）

外观：白色粉末。

作用：将金属离子封锁，调整pH，增加保水性，抑制脂肪氧化且有保护制品颜色的作用。

应用范围：加入油面及阳春面中可防止面条变色、增加弹性韧度、减轻煮面时的浊度，并防止面条断裂。制面条时可分散面条吸水性；通常与食盐混合使用，也添加于腌制肉品中。如果用量过多，会使面条在口内产生涩味（收敛性）。

为让腌制肉品或面条具黏性与护色，通常会添加适量的重磷酸盐。

惯性挑食潜伏健康威胁

其实食品加工业者的着眼点，不外乎让大量的农产品创造出更大的经济效益，在长期贮存的原则下，同时又必须保持食品的色、香、味，所以加工的技术非常重要。为了让食物更可口，又增加食品外观的吸引力，食品添加剂的应用，成为现代科学一门很繁复的特殊技能，与物理、化学、营养息息相关。

一般大众面对市面上琳琅满目的精制食品，并不能认识到其中添加了多少化学合成添加剂，这些添加物虽然经过世界各国政府立法公告其使用范围及准则，但是许多营养学家及食品成分研究者还是十分忧心这些化学添加物在我们生活中惯性摄食之下，日积月累，聚集超过了一定量，就会有害人体健康。

当身体上出现某种不适症状时，有时即是反映出我们吃了哪些食品，而这当然与食品用了哪些食品添加物息息相关。因此，在现今眼花缭乱的美味食品中，我们应当小心选择安全的食物，这也是为什么我们必须对食品添加物有进一步认识的原因。因为明白后，我们会改变对食品的选择，尽量减少摄入有化学添加物成分的食物。

精制食品不是营养食物

法定的添加物用量是指一定分量食物中所含量，而无法估算和控制其累积的量对人体器官带来多大的负担，一旦工作紧张又辛苦，身体功能无法正常运作，就会将吃下去的毒素积留在体内。

如今像这种情况日益增多，经过精细加工的所谓“精制食品”，如白面粉、白米、饼干、糖果、罐头等，对于人体健康所带来的影响，已经成为许多学术医疗机构研究的重要课题。例如经常摄取精制食品对儿童视力的影响，精制淀粉更被怀疑是导致近视的元凶。

我们可从美国营养学家安德尔·戴维斯女士（Adelle Davis）的著作《LET'S EAT RIGHT TO KEEP FIT》得知，早在三十多年前就发现精制淀粉不是营养的食物，后来也的确获得证实。

身为消费者的我们，在选择三餐主食或休闲零食时，除了对美味的考量，是否想过自己与家人吃进肚子里的，究竟是身体所需的营养还是惊人的热量？或者根本就是毒害身体的化学物质？相信读者们在进一步了解食品添加物的威胁后，可以通过成分标示的解读与自己的判断，过滤掉可能对自己健康造成伤害的食品，甚至改变自己不良的饮食习惯。

〔澳洲与欧洲的食品添加物代码〕

1987年澳洲制订了一套添加物代码表，E100-E180为色素，E200-E290为保存剂，E296-E385为抗氧化剂等，E400-E495为乳化剂等，E500-E579为钠盐等，E620-E637为香料，其他品类则归在E900-E1520。欧洲也用同一套代码表，但编码前不加E。

食品加工教父的亲身体验

虽然食品添加物潜伏着许多对人体健康的威胁，但是对于追求食品的美化与多元化却具有极佳效果，因此，业者仍持续使用食品添加物。关于食品添加物对人体健康所造成的伤害，我有一则亲身经历可作为例证。

早期的油炸面是人见人爱的美味食品，弹牙、美味又价廉，当时年轻的我，虽是学食品化学出身，又在食品工厂工作，但对食品添加物却尚未有所警觉，在工作压力沉重的情况下，吃下这些添加物，体内的新陈代谢功能在双重的冲击下，无法正常运作，进而无法将吃进体内的食品添加剂排出体外。终于在连续吃了一星期后，我的皮肤上就出现了块状白斑，不痛不痒，因为毒素已经囤积在肾脏中排除不了，所以就反应在表面皮肤上。

You need to know

1. 面条、馒头若加入过氧化氢漂白剂，食后易患癌及心血管疾病。
2. 面包会变软多半是添加了人工乳化剂的原因。
3. 油炸面食品多半使用含氢的酥油，易造成心血管疾病
4. 有些食物会添加杏仁化合香精，摄入特别多时会诱发肝癌。

8种人气零食的成分大解析

零食可以说是生活中最美好的存在，嘴馋、消磨时间、减除压力、欢乐聚会、哄小孩开心、当伴手礼时，几乎都派得上用场。殊不知，这些美味零食背后都有一座巨大的添加物工厂当靠山，藏有很多健康隐忧。这里列举8种常见的零食，以实际成分来告诉读者内含哪些添加物，会有哪些身体影响。下一次当你想下手采购时，不妨思考一下今天所看到的解析内容，再来决定要不要掏腰包吧！

1 袋装油炸虾片和脆片

成分表： 食用淀粉、鲜虾、高级植物油、大蒜、盐、胡椒粉、调味料、香料、食用色素黄色5号、抗氧化剂。

（因商品繁多，本表为参考数值）

NUTRITION	每100克含量
热量	524千卡
蛋白质	12克
脂肪	28克
碳水化合物	56克
钠	532毫克

饱和脂肪→增加人体内低密度脂蛋白胆固醇，对心脏、血管造成伤害。

精制碳水化合物→对儿童的视觉功能发育有害。

精制调味料（白砂糖、辣味剂、味精、酱油粉）→身体过敏、胃发热、五脏不安。

香料（黑胡椒、洋葱粉）→刺激神经及胃肠。

抗氧化剂（甘油三酯、抗氧化剂TBHQ、BHA）→造成过敏、咳嗽、影响气管。

色素（黄色5号）→加重新陈代谢负担。

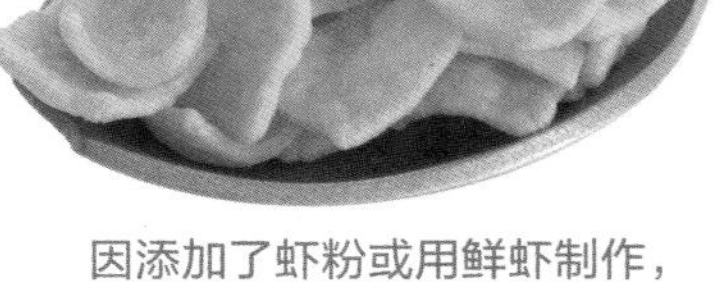

因添加了虾粉或用鲜虾制作，对甲壳类过敏者应避免食用。

2 进口软糖

成分表：玉米糖浆、砂糖、柠檬酸、水果香料、食用色素红色40号、红色7号、黄色4号、蓝色1号、凝胶、乳化剂、植物油脂、DL-苹果酸、维生素C、水果浓缩果汁。

NUTRITION	每100克含量
热量	300千卡
蛋白质	8.6克
脂肪	1克
碳水化合物	71克
钠	17毫克

（因商品繁多，本表为参考数值）

精制甜味料→肥胖。

酸味料→肠胃不适，钠含量高，影响血压。

香料→引发过敏、肠胃不适。

色素→增加肾脏、新陈代谢负担。

油脂→过氧化脂肪使体内胆固醇增高。

乳化剂（甘油三酯）→易引发皮肤过敏。

这类进口软糖虽然好吃，但是吃多了容易增加身体负担而产生不良反应。

3 方便面（牛肉）

成分表：面粉、食用淀粉、棕榈油、猪油、牛油、芝麻油、甘油脂肪酸酯、调味料、牛肉抽出物（水解调料）、香辛料、脱水蔬菜、抗氧化剂、色素、结着剂、面质改良剂。

NUTRITION	每100克含量
热量	329千卡
蛋白质	10克
脂肪	20克
碳水化合物	27克
钠	2.6克

（因商品繁多，本表为参考数值）

精制碳水化合物→对儿童的视觉功能发育有害。

饱和脂肪＆甘油脂肪酸酯→增加人体内低密度脂蛋白胆固醇含量，对心脏、血管造成伤害。

调味料（酱油粉、味精、糖、盐、辣豆瓣酱）→增加全身排泄器官负担。

香辛料（辣椒油、辣椒粉、胡椒粉）→刺激肠胃。

色素（β-胡萝卜素）→增加肾脏负担。

结着剂→增加肾脏负担。

面质改良剂（碱性化学药品、碳酸钾、碳酸钠）→增加肾脏负担。

只因可快速即食，方便面仍是市场销售长红的火热商品。

4 } 薄荷糖

成分表：蔗糖、葡萄糖浆、山梨糖醇、阿斯巴甜、甘露醇、异麦芽酮糖醇、氢化植物油、阿拉伯胶、水果香料、食用色素红色40号、蓝色2号、抗氧化剂。

NUTRITION	每100克含量
热量	17.8千卡
蛋白质	0.1克
碳水化合物	6.75克
维生素C	33毫克

（因商品繁多，本表为参考数值）

人工甜味料→除增肥外，也容易导致腹泻。

油脂→产生过氧化物，降低免疫力。

植物胶黏剂→引发皮肤微过敏反应。

香料→增加肾脏及肝脏代谢负担。

色素→引发皮肤过敏。

抗氧化剂（BHT）→增加肾脏及肝脏代谢负担。

清凉刺激的薄荷糖是多数人用来提神醒脑、让口气芬芳的选择。

5 } 进口果汁

成分表：砂糖、苹果酸、柠檬酸、人工合成柳橙香精、海藻酸钠、胶基、维生素C、二氧化硫（还原剂）、胡萝卜色素、苯甲酸钠（防腐剂）。

NUTRITION	每100克含量
热量	46千卡
蛋白质	0.7克
碳水化合物	15克
维生素C	6毫克

（因商品繁多，本表为参考数值）

甜味料→增胖。

酸味料→增加钠含量，影响老年人血压的控制。

香料&色素→增加肾脏及肝脏代谢负担。

海藻酸钠&胶基（增加黏度）→引发肠胃不适、皮肤过敏。

苯甲酸钠→增加肝脏代谢负担。

亚硫酸盐（二氧化硫）→引发过敏、刺激气喘发作。

进口果汁虽即开可喝，但还是建议喝现榨新鲜果汁。

6 } 巧克力糖

成分表：麦芽糖、花生、砂糖、奶粉、植物油、奶油、可可粉、乳蛋白、大豆磷脂、香料、色素、淀粉。

NUTRITION	每100克含量
热量	576千卡
蛋白质	7.7克
脂肪	3.8克
碳水化合物	51克
钠	115毫克

（因商品繁多，本表为参考数值）

甜味料→增加热量。

色素（β-胡萝卜素、天然食用色素、焦糖色素）→增加肝脏代谢负担。

油脂→增加热量、增加低密度脂蛋白胆固醇。

蛋白质→引发肠胃不适、皮肤过敏。

钙（卵壳钙、磷酸钙）→增加肾脏代谢负担。

乳化剂（甘油三酯）→增加代谢负担。

精制淀粉→影响儿童视力发育。

甜蜜芳香的巧克力魅力无限，除了直接吃，也常用于糕饼糖果之中。

7 } 无花果

成分表：青果、砂糖、盐、麦芽糖、姜母、调味料（糖精钠盐、甜蜜素）、防腐剂、食用色素红色6号、红色7号、蓝色1号、蓝色2号、黄色5号。

NUTRITION	每100克含量
蛋白质	3.30克
脂肪	0.93克
碳水化合物	63.87克
糖分	47.92克
膳食纤维	9.8克

（因商品繁多，本表为参考数值）

甜味料→增肥。

防腐剂→增加肾脏及肝脏代谢负担、引发肠胃不适。

色素→增加肾脏负担。

咸味料→增加血管硬化的危险。

无花果含糖量颇高，吃食要适量。

8 } 蜜饯

成分表：梅子、苯甲酸、亚硫酸氢钠、糖精、甜蜜素（环己基氨基磺酸钠）、氯化钙、人工色素、香料、天然甜味料、酸味料。

NUTRITION	每100克含量
热量	367千卡
蛋白质	0.5克
脂肪	0.6克
碳水化合物	86.6克
钠	300毫克

（因商品繁多，本表为参考数值）

防腐剂→伤害肝脏及肾脏。

漂白剂→引发咳嗽、诱发气喘、损害肺部。

代糖（糖精）→易引发肝癌及膀胱癌，损害肺功能。

人工色素→易造成肝脏代谢不良。

香料（香兰素）→造成肝脏及肾脏代谢障碍（如欧盟专家委员会所宣布），大量食用易造成恶心、呕吐、呼吸困难。

许多市售蜜饯为了长期保存、增添色泽与口感，加入了不少化学添加物。

〔“毒蜜饯”〕

其实蜜饯在曝晒、搓揉及腌泡等制作过程中的卫生品管一直存在着问题，再加上部分业者非法添加有毒化学物质，确实让消费者的健康受到相当大的威胁。以往政府对于合格的蜜饯制品会授予标志，但如今市面上未经包装、来路不明的蜜饯如此多，消费者可要睁大眼睛仔细检查。

例如常在百货公司展售中见到的蜜饯、日本干梅，其所添加的食品添加物山梨酸，主要作为微生物防腐剂，日本商人却用来当作甜味剂，且经常添加过量，对肾脏不好，同时更使用氨基酸调味料，根本无天然物可言，还是不要吃为佳。

“油”不得你的健康杀手

在所有的美味食品中，食用油脂本身就是一个重要的营养素，也是催化生成美妙滋味的要素。油脂广泛应用在各种料理及加工食品中，如炒菜、油炸、油煎及制作蛋糕西点、糖果、饼干等，不但影响食物口味，更是现代人健康所系，食用不当可能造成肥胖、心脏病、高血压，甚至癌症等病症上身。

其实，油脂本身有益无害，问题是由我们摄取量过多，以及不良油脂的加工所造成的。

优质劣质油没搞懂

开门七件事，油是不能或缺的一件。台湾地区曾发生知名食用油大厂以劣质油冒充好油事件，闹得沸沸扬扬。也正是拜科技发达所赐，造就出不同种类的油脂，好的、不好的一股脑儿出现在市面上。在“毒油”遍布的情况下，我们每日仍得在厨房中料理三餐，该怎么避免选用到“毒油”呢？一般消费者可以分辨出油脂种类，却不能明白其中的奥妙。加上业者通过广告媒体大肆鼓吹自家产品的优点，却使消费者忽略了油脂提供给身体的究竟是营养还是毒害。这里的关键取决于烹调的过程。原来天然优质的食用油，也可能因为烹调过程造成品质变化，反而成为健康杀手。

首先我们要先了解一些简单的基础知识，若是这些基础知识都能够明白了，就不用担心“中毒”，同时又能保护身体健康，特别是油脂中哪些有高含量的胆固醇，要挑选哪些油才是好油，让大家不用再担心害怕会吃到“毒油”。想要好好地、安心地过日常生活，首先就从家中的厨房下手吧！

脂肪小学堂

脂肪的构造与物理特性：凡是食物油脂都含有甘油三酯，即包含3条脂肪酸链黏附于甘油分子上，我们可以先从食物的油脂外表来看。

❶**饱和脂肪酸**：在室温下是固体，如猪油、牛油、奶油、鲜奶油、氢化油。

❷**不饱和脂肪酸**：在室温下大多是液态，例如植物油，包括菜籽油、葵花籽油、玉米油、花生油、橄榄油等。

不饱和脂肪酸又可分为A.单不饱和脂肪酸，B.多不饱和脂肪酸。

A.单不饱和脂肪酸

经过化工“氢化处理”后，会形成反式脂肪酸，这是对人体最坏的脂肪酸，很容易造成疾病，多吃、常吃对身体伤害很大，引发长年疾病如高血压、心脏病、糖尿病等。但是有些基本常识也要告诉读者们，天然食物中如动物的乳制品、牛羊肉中也含有少量的反式脂肪酸，那么，我们就要注意下列哪些食品是含氢化脂肪酸多的，或是在油炸温度过高下会转变成反式脂肪酸的，举例如下。

人造黄油：早餐会涂抹在三明治上的黄色固体油。

人工的烘烤食品：饼干、小面包、西式烘烤点心，还有速食汤面等。

高温油炸：单不饱和脂肪酸经过高温加热，超过170℃以上的油炸会转化成为反式脂肪酸，如炸薯条。

反式脂肪酸含量：在美国，包装食品上均必须注明营养成分表，内容都要标示反式脂肪酸的含量，不论含百分之多少或是多少毫克/千克，均必须明示，让购买的人自己决定是否要采买、是否要吃此种食品，而不是像我们政府规定没有超过多少毫克/千克即可写0。

由视觉与嗅觉判断：脂肪也就是油脂，一般可从外表与嗅觉来判断是哪些属性的油脂。

1.若是饱和脂肪酸在空气中，所含氧不易被氧化变成臭油味。

2.单不饱和脂肪酸如果放在冰箱冷藏柜内，会有凝固的现象。

3.多不饱和脂肪酸是身体必需的，但缺点是容易与空气中的氧结合而产生臭味。

B.多不饱和脂肪酸

在多不饱和脂肪酸中的成分，如果含有下列所提种类脂肪酸，就有益人体健康，这些读者应该要知道，我也归纳成系统来做说明。

亚麻酸和亚油酸中含有多不饱和ω-3、多不饱和ω-6脂肪酸。这是人体中不可缺少的两种脂肪酸，人体无法自制，必须由外界饮食中摄取，而且对人体有重要的功能，包括：细胞膜的构造、中枢神经系统里脑及眼睛中的视网膜发展，还含有人类激素制造分子中所不可缺少的成分。

富含ω-3脂肪酸的饮食，可以让我们患心脏疾病的风险降低，因为此种脂肪酸不会大量堆积在血管壁，会让心脏打出去的血液在血管中畅通不阻塞。ω-6脂肪酸也有这样的功效。

下列食物中均含有不饱和脂肪酸。

植物油脂：葵花籽油、大豆油、菜籽油、胡桃油、葡萄籽油、玉米油、油麻油、松子油。

动物油脂：肉类、鸡蛋、鱼肉。

知道了哪些食品中含有ω-3、ω-6脂肪酸以及在人体中的重要性，但是要如何吃才安心呢？这又是另一个重要的课题，所谓健康安心的吃法，就是ω-3与ω-6应该维持平衡。该研究发现者也给我们相关的建议，二者比例平衡的吃法应为ω-3：ω-6为6：1，从饮食分配上的建议则是：饮食中多吃鱼肉；绿色蔬菜多摄取；以食用油菜籽油最好；目前的平均比多是ω-3：ω-6为10：1。

注意用油选择以及多吃蔬菜和鱼类是保持健康之道。

油中脂肪酸平均含量对照表

植物油名称	饱和脂肪酸	单不饱和脂肪酸	多不饱和脂肪酸	ω-3：ω-6	油品
玉米油	17%	32%	51%	57:1	
橄榄油	19%	73%	8%	11:1	好油
红花籽油	14%	24%	62%	155:1	
葡萄籽油	9%	16%	66%	145:1	
棕榈油	46%	44%	20%	33:1	
椰子油	92%	6%	2%	0	不好油
芝麻油	13%	40%	43%	39:1	好油
鳄梨油	18%	65%	16%	18:1	好油
菜籽油	8%	60%	32%	2:1	好油
榛果油	7%	78%	14%	0	
胡桃油	9%	16%	71%	6:1	好油

※菜籽油是欧美大力推行的健康食用油，理由是ω-6：ω-3脂肪酸比例是2.4：1，有益人体健康，堪称高级油炸油。橄榄油则不适合高温油炸，用来做沙拉及卤肉为佳。

〔Omega的好处〕

Omega脂肪酸均必须由食物摄取，无法人工合成，因其吃了后在体内转换成DHA及GLA活化体内新陈代谢，有益血管健康。
鱼的ω-3脂肪酸可抗皮肤发炎、干燥、脱皮，色拉油中的ω-6脂肪酸则会促使发炎。帮助皮肤健康可补充蛋白质、叶酸。

食用油中ω-6：ω-3脂肪酸比例以2.4：1的数值对人体最好。

好油各有主张

这里也特别针对各种食用油的特性及成分提出说明，并建议读者在什么样的料理方式中，适合选用什么样的油，才能在享受美味的同时，确保健康。特别要提醒大家的是，在现代精制食品中，“氢化油”的使用，对于人体来说绝对是个危机。

至于如何防范、如何选择，可

常用油的脂肪酸成分表 [美国食品与药物管理局（FDA）]

油　品	饱和脂肪酸	单不饱和脂肪酸	多不饱和脂肪酸
葡萄籽油	9%	16%	66%
冷榨橄榄油	13%	0	10%
菜籽油	8%	60%	32%
氢化油	31%	51%	14%
花生油	18%	49%	33%
人造奶油（玛琪琳）	31%	47%	22%
猪油	2%～6%	45%	10%
鸡皮及油	30%	45%	11%
牛油	11%～27%	3%	1%～2%
棕榈油	46%	44%	20%
奶油	62%	29%	4%
玉米油	13%	25%	62%
鲔鱼油脂	27%	26%	21%
黄豆油	0~11%	0	7%～54%
葵花籽油	11%	20%	69%
棉籽油	27%	19%	54%
红花籽油	9%	79%	12%
棕榈仁油	81%	11%	2%
精制椰子油	9%~18%	47%	0～2%
亚麻籽油	3%	21%	16～53%

注：1克油=9卡热量。

以通过下一章的分析解说来了解，读者会更有健康概念。

从食用油脂的使用范围来看

1.少量添加

中式早点：油条、烧饼。

西式快餐：炸鸡、炸薯条。

自助餐店：炸鱼块、炸鸡腿、炸排骨、炸猪排、炒菜。

大饭店、酒楼：油炸鱼肉、点心、过油肉（高温氽烫）、茶点、酥皮点心。

家庭：食用炒青菜、煎饼。

2. 大量添加

西点（饼干、面包）工厂：以酥油、氢化油用得最多。

方便面油炸工厂：会使用氢化油、椰子油或棕榈油。

脂肪原本就是人体健康不可少的重要营养成分，例如油脂含有维生素A、维生素D、维生素K、维生素E及各种必需脂肪酸，而不同种类的植物及核果中，均含有油脂。100克鱼肉及家畜肉的油脂吃入人体，可产生900千卡热量，供给我们活动的能量，比蛋白质、碳水化合物的热量高出数倍。而且消费者能在不知不觉中，摄入相当惊人的分量。

蒸、煮、炒、炸各有适合的油品，你选对了吗？

食用油脂怎么组合而来

脂肪

不饱和脂肪酸： 在室温22℃为液态（又称食用油）。多数为植物油脂及核果果实、籽实油。

饱和脂肪酸： 在室温22℃为固态或半固态（又称食用脂）。多数为动物油脂。

→

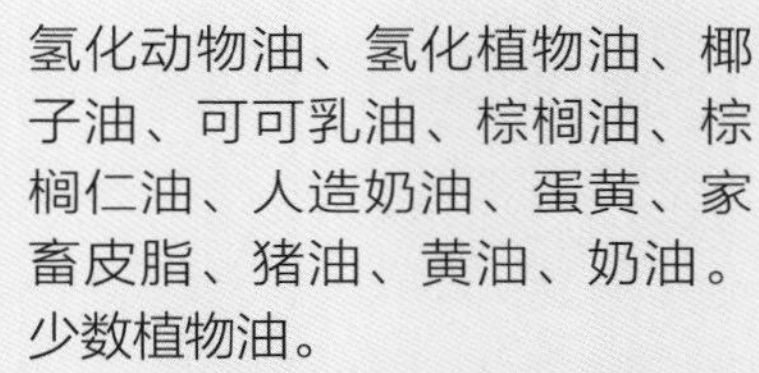

氢化动物油、氢化植物油、椰子油、可可乳油、棕榈油、棕榈仁油、人造奶油、蛋黄、家畜皮脂、猪油、黄油、奶油。少数植物油。

※特别是氢化油易产生过氧化物自由基，具毒性。

↓

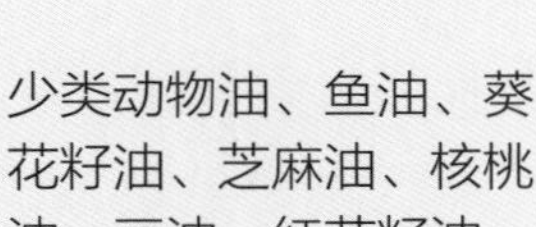

少类动物油、鱼油、葵花籽油、芝麻油、核桃油、豆油、红花籽油、玉米油、橄榄油、菜籽油、杏仁油、花生油。

→

多不饱和脂肪酸： 人体内不能生产，又称必需脂肪酸。在人体内不能自行合成，又称为维生素F，必须由食物中摄取足够量。

单不饱和脂肪酸： 在人体内合成，由蛋白质、碳水化合物、醇组成。又可分为ω-6脂肪酸和ω-3脂肪酸。

↓

ω-6脂肪酸（由亚麻油酸衍生）

存在于橄榄油、葵花籽油、红花籽油之中。如缺少，会损害免疫系统或造成皮肤病。成人每日至少6克，不饱和脂肪1～2大匙即足够。

ω-3脂肪酸（由次亚麻油酸衍生）

存在于豆油、鱼油（深海）、菜籽油、核桃油之中。如果缺少，容易导致牛皮癣、关节炎、乳癌、肠癌、胰腺癌，成人每日至少3克。

〔油炸食物致癌新证据〕

瑞典科学家曾指出油炸物或烘烤食物含有致癌物质，尔后挪威科学家的研究结果进一步证实这项消息，挪威食品安全局建议人们少吃这类食物。瑞典科学家还发现，薯条、油炸食品、饼干中含有高浓度、致癌的丙烯酰胺（Acrylamide）。

认识油脂相关名词

甘油三酯（Triglycerides）：代表自然状态的脂肪，如饮食中的、体内储存的及血液内含有的，三种饱和或不饱和脂肪酸。

食用过量：摄食大量酒精、白糖、糖果、各种蛋白质，或是大量的碳水化合物（淀粉类），会使血液中甘油三酯指数升高，容易造成心脏病。

脂溶性维生素：维生素A、维生素D、维生素E、维生素K。（β-胡萝卜素会转化为维生素A）

食用过量：会积存在肝脏或脂肪组织中，多吃会有中毒危机。

含胆固醇食物：吃入人体后，会使肝脏减少生产胆固醇（正常胆固醇由肝脏制造）。

食用过量：低密度脂蛋白（LDL）→送入血液中循环使用→血液胆固醇升高→可能引起心脏疾病或阻塞供给大脑的血管→造成中风或使身体免疫系统受损。

高密度脂蛋白（HDL）→送出体外排除。

多不饱和脂肪酸：公认具有降低胆固醇含量的功能。

食用过量：容易导致免疫力降低，癌症、胆结石发生机会增加，及具有心脏病、退化性疾病的危机。

单不饱和脂肪酸：公认为有益健康之物。存在于油菜籽油、橄榄油、杏仁油、鳄梨油、花生油及红花籽油中。

氢化油（脂肪）：含液态的不饱和脂肪酸化学加氢会凝固变为饱和脂肪酸，也就成为人造黄油及起酥油。缺点是，会增加坏的胆固醇、降低好的胆固醇含量，这两种多属油炸快餐用油。

起酥油：油类的一种，发烟点高于人造黄油、牛油，不易烧焦，脂肪含量100%，牛油及人造黄油则为80%，油炸时，酥油不含水，不会飞溅，一般用来烧炸、油炸、烘烤，但含大量反式脂肪酸。糕饼业常用的酥油会部分氢化成半固体。

氧化脂肪：油脂酸败产生毒性，是心脏、高血压、中风病发生的主凶。

科学家发现，空气中的氧与脂肪物质结合后会产生有害复合物“氧化脂肪”，食入人体可能会造成血管阻塞或破损，引发心脏病或脑中风。脂肪与氧结合呈氧化脂肪的两种情形如下。

1.添加油脂的食品放太久，或环境温度太高，造成所谓“油烧”。

2.身体内的脂肪与氧产生反应。

※防止氧化脂肪为害之道：

❶吃含有抗氧化成分的食物，中和有害氧化脂肪。例如，维生素A、维生素E、含硒海鲜（如蟹、蛤蛎、贻贝、小黄鱼）及含锌海鲜（如虾、蚝、牡蛎）。

❷体内建立防止脂肪氧化的免疫系统。

油脂中可添加抗氧化剂以切断游离脂肪酸，使其不受氧化。但油本身含天然抗氧化剂少，若没有添加抗氧化剂，则游离基RO与OH氧化生成醛、酮分解产物，则会产生酸败臭味，同时呈现毒性，不慎食用会造成下痢。经常摄食酸败油脂会引起肝病。但注意：即使该食品添加了抗氧化剂，也不能完全抑制氧化作用的发生，所以消费者在购买食品时要多注意食品标示的产品出厂日期。

碘价（Iodine Value）：碘价的高低，表示油或是油脂含不饱和脂肪酸的量。有的厂家会将油脂中原有的饱和脂肪酸，加工转化成多不饱和脂肪酸油脂，实际上，这仍不是好的食用油。

酸价：其高低随油脂纯度而变。新油、旧油与回锅氧化油，必须用化学方法分析才知道其酸价数值。一般新鲜油纯度好，酸价数值低于0.6以下。0.6以上为陈旧老油或品质不纯者。部分市售油在标签上有注明。

酸价低的油，受到光、热以及氧化的影响不大；酸价高的油，对光、热、氧化则不稳定。例如葡萄籽油、橄榄油的酸价均低于0.6，属于好油。

冷榨油：橄榄果实原料→洗→压榨→倾析→离心力→过滤。全部在低温下操作，并经国际橄榄油协会（I.O.O.C）品管包装。

You need to know

1. **如何健康吃油：**❶不可专吃一种油。❷厨房要备有低的饱和脂肪酸、中的单不饱和脂肪酸、高的多不饱和脂肪酸三种油。
2. **凉拌沙拉：**亚麻籽油为佳。
3. **炒菜：**橄榄油、芥花油较适合。
4. **油炸：**可选用猪油、椰子油、芥花油、红花籽油。
   要注意的是凡是经过高温油炸，好油也会变坏油，以芥花油、红花籽油高温油炸最好。
5. **鱼油：**鱼油中的EPA（二十碳五烯酸，Eicosa Pentaenoic Acid）、DHA形成脑部细胞膜的重要成分ω-3。
6. **猪油：**饱和脂肪酸含量高，是心血管疾病的元凶，其中单不饱和脂肪酸、长链脂肪酸一定要先分解长链才能吸收，否则易堆积体内。
7. **椰子油：**饱和脂肪酸含量高，是心血管疾病的元凶，只有其中一项中链脂肪酸（又称月桂酸，Lauric Acid）易吸收，不易形成脂肪堆积体内。月桂酸有抗病毒、抗菌作用，又可增加好胆固醇，精制后将含有饱和脂肪酸及肉豆蔻酸（C16），较为不好，未精制的椰子油发烟点为177℃，精制后发烟点为232℃。

劣质油曾充斥市场，造成人心惶惶，因此几乎天天会入口的食用油一定要慎选。

厨房常见7种市售食用油

蔬菜油：由许多蔬菜籽压榨而得的油脂。一般会按价格的高低，以适当的比率调配成食用油。因各种植物油脂各有其真实内含的优点，比单一油脂的营养更完整，对人体健康来说，是有益的。

单一植物籽实油脂：玉米胚芽油——富含维生素E。

芥花油：含有单不饱和脂肪酸，对降低坏胆固醇（低密度脂肪）有不错的作用。

葵花籽油：100克油脂中，不饱和脂肪酸占69%。

葡萄籽油（100% Pure Grape Seed Oil）：优点为耐高温250℃，无油烟，含丰富维生素C及维生素E。与有机蔬菜混拌做沙拉，可增强抗氧化作用，消除自由基。含大量不饱和脂肪酸及85%葡萄籽花果素（OPC）。适合油炸用。

芝麻油：炒好白芝麻酱，摇动分离出芝麻油，是调香及凉拌用油，不是主要用油，若同时加入色拉油，反而失去芝麻油的价值。

调理油品种分4大类：

1. 芥花油＋大豆色拉油＋玉米胚芽油、葵花籽油混合
   特色：低油烟（不要超过200℃）。
2. 芥花油＋黄豆油＋葵花籽油混合
   特色：芥花油单不饱和脂肪酸占73%；玉米油多不饱和脂肪酸占15%；大豆色拉油饱和脂肪酸占12%。
3. 调理花生油：以花生油最多，呈赤褐色，不透明。
   特色：添加玉米油＋花生油＋葵花籽油混合，炒菜用。
4. 营养调和花生油：也是以花生油最多，呈赤褐色，不透明。花生油＋大豆油调和。
   特色：适合煎、煮、炒、炸。

红花籽油：不饱和脂肪酸含量很高。含79%单不饱和脂肪酸，适合做凉拌沙拉，有益身体，可降低坏胆固醇含量。

特点：因很容易氧化，不适合作油炸用油，可炒菜用。

7种含特别添加物的油脂

天然维生素蔬菜油：以芥花油、大豆色拉油、玉米胚芽油、葵花籽油以及花生油等不同配方比例所调成的食用油。

添加物：维生素A、维生素D_3、维生素E（抗氧化）。

精制大豆色拉油：以大豆萃取，经脱色、脱臭、脱胶制成。多作炒菜之用，若用来油炸连续4小时以上，油质会产生变化。

添加物：维生素A、维生素D、维生素E（抗氧化）。

超低油烟健康油：原料采用非转基因天然芥花油（High Oleic Canola），含单不饱和脂肪酸75%。

添加物：天然茶多酚（抗氧化剂，使油脂稳定、烹调安全）。

特点：天然芥花油籽萃取精炼，采用先进高效能物理精炼技术，先将油烟物质于极安全的高真空状态下去除，烹调时不再受油烟的危害，实验证明，油烟量比一般葵花籽油少。

氢化油：加氢于不饱和脂肪酸使其固化。

特点：氢化后，脂肪经一种化学结构反应，变成了多不饱和脂肪酸（实际影响却与饱和脂肪酸相同）

缺点：会提高胆固醇的含量，诱发心脏病。

起酥油：专用于油炸的部分氢化油脂（发烟点180～220℃）。

添加物：抗氧化剂及消泡剂，尽量避免油脂与空气接触，减少油氧化几率，可耐油炸12小时以上。

人造奶油：是由氢化油脂加乳后固化而成的。

内容物：植物油、鱼油与动物油，选用其中价格最便宜的两种或三种混合。

乳化剂：乳清与脂肪合成甘油酯及大豆卵磷脂（卵黄蛋黄素，

Lecithin），还具有防止酸败的作用。用量0.03%左右。

调味剂：盐。

色素：β-胡萝卜素。

维生素：维生素A、维生素D。

香料：奶油香精（人造）。

抗氧化剂：维生素E。

You need to know

1. 美国食品与药品管理局（FDA），自2006年起，要求包装标示反式脂肪含量，反式脂肪不利于血管健康，且该脂肪会提高血液中低密度脂蛋白胆固醇的浓度，为坏胆固醇，可增加罹患心血管疾病与糖尿病的机会，并导致动脉阻塞、硬化等。
2. 反式脂肪多存在于油炸、烘焙食物（薯条、炸鸡、糕饼）、人造奶油，甚至沙拉酱汁中。台湾“卫生署”抽查25种烹饪油，共有19种烹饪油含有反式脂肪酸，其中以人造奶油、起酥油所含的反式脂肪酸较多。

不同于含有反式脂肪的氢化植物油，市场上已出现由鲜奶精制、非氢化制造、不含反式脂肪的奶油。

不同发烟点的油要因油施用

美味的料理，不能没有油脂的帮助。所以尽管食用油脂的陷阱那么多，人们仍无法舍弃它。从前压榨的菜籽油品质很差，黏性大、气泡多，味道又不好。结果就出现了所谓的“假猪油”，就是现在的氢化植物油及密度不同的酥油。

如今科学家研究发现，所有油中，氢化油最不宜食用。因其欠缺人体不能自行制造的三种基本脂肪酸：亚麻油酸、花生烯酸（可将亚麻油酸完全分解），以及次亚麻油酸，即生产制造副肾皮质激素及协助人体内有益乳酸杆菌，供给我们营养。但加工业却常将椰子油及棕榈油用于油炸薯片、炸花生、夹心饼、炸薯条、炸鸡，原因就是，这些油经高温油炸较稳定，冷了也不会显示油炸物外表含很多油分。

由此可看出，食用油因本身成分不同，对人体健康会有不同的影响。食用油的发烟点攸关其耐油炸度与油质稳定度，也是料理食物时必须考量的要素之一，是煎、煮、炒、炸、蘸、拌、淋、抹时选油的重要指标（反复油炸，其发烟点会降低）。

常见食用油的发烟点

油品	发烟点
葡萄籽油	252℃
冷榨橄榄油	230℃
优质葵花籽油	220℃
一般葵花籽油	150℃
玉米油	150℃
大豆油（色拉油）	150～180℃
猪油	195℃
花生油	200℃
起酥油	180～220℃
芥花油	270℃

油脂的碘价 单位：克/100克

油品	碘价
玉米油	120
葵花籽油	131
红花籽油	145
标准氢化油	95
纯花生油	93
橄榄油	83
棉籽油（含酚，可导致男女不育）	70
猪油	75
普通氢化油	75
牛油	40
奶油	30
椰子油	9
棕榈油	10

料理油要精打细算聪明选

脂肪能溶解和输送脂溶性维生素A、维生素D、维生素K、维生素E，对于人体来说是绝对需要的物质，但是油脂中所潜藏的危机如此诡谲多变，在看过各种油脂的组成成分与发烟点比较后，你可以在料理用油上做出最明智的选择吗？接下来看看以下的重点归纳吧！它是可以帮助大家快速认识好油的简易要点。

选用有益健康油的重点

1. 含必需脂肪酸。含饱和脂肪酸少，不饱和脂肪酸多的。单不饱和脂肪酸可降低胆固醇；多不饱和脂肪酸可合成人体必需脂肪酸，具凝血功能、有助生长发育。
2. 含维生素E多的（抗氧化），如玉米油。
3. 可增加对身体脂溶性维生素A、维生素D、维生素E的吸收。
4. 选用健康油的次序：冷榨葡萄籽油→冷榨橄榄油→红花籽油30%＋米糠油70%＆玉米油→芝麻油→花生油→葵花籽油→大豆油→牛油＆猪油→椰子油＆棕榈油→氢化植物油。

计算油脂与热量

* 每人每日需要的总热量是2500千卡。
* 一汤匙（家用瓷汤匙）油脂含热量160千卡。
* 100克油脂含热量900千卡（100克奶油中含脂肪85克→热量740千卡）。
* 成人每日摄食中，脂肪的热量约占一天总热量的30%，其中饱和脂肪酸的油脂只能占10%，也就是说尚有20%的热量，是摄取自不饱和脂肪酸的油脂。

要注意油炸后油的变化

油炸食物在高温180～250℃间，油很快就会氧化并开始分解。油炸后，回锅油的复合物：

1.破坏维生素A、维生素K、维生素E。

2.增加胃内刺激物。

3.抑制消化酶活性。

4.是突变诱导物，增加心脏病及癌症危险。

5.脂质氧化，油炸再油炸后，危害物增多并囤积。例如，甜甜圈油炸两次之后，其含油率高达60%以上。

You need to know

台湾食谱常用的“沙拉油”实质上就是烹饪油，不是生吃沙拉用的油，请消费者注意。

好油的营养成分

100克油脂	纯葡萄籽油	冷榨纯橄榄油
热量	900千卡	857千卡
多不饱和脂肪酸	70克	7.43克
单不饱和脂肪酸	22克	78.57克
饱和脂肪酸	8克	14克
耐热	250℃无烟	—
特色	含葡萄多酚（OPC）和85%维生素E	含丰富维生素A、维生素D、维生素E、维生素K及抗氧化物

脂肪酸对血液中胆固醇的影响

主要脂肪酸	好胆固醇（HDL）	坏胆固醇
饱和脂肪酸	上升↑	上升↑
多不饱和脂肪酸	下降↓	下降↓
单不饱和脂肪酸	不变	下降↓

※医学上发现，含多不饱和脂肪酸多的油，如果吃太多反而造成好胆固醇含量下降，坏胆固醇含量上升。

油类的恐怖分子——氢化油

加工用食品油脂最初都采用动物油脂，后来为了健康因素改用植物萃取油，如此一来，消费者就可减少饱和脂肪的摄取，而胆固醇的来源也会减少。

在同样的考量下，专家们曾建议民众换掉黄油，改用人造奶油，即用化学的方法，将氢原子加入到不饱和油脂结构内，并加入乳化剂使其固化，像天然奶油一样好涂抹，再加上奶油香味及β-胡萝卜色素，就成为真正的“假奶油”。也就是自1910年问世以来一直使用的氢化油。

但是经过这些年来的使用，部分专家研究发现，氢化植物油反而是危险性极高的油，其结果可能与当初专家所设想的完全相反。

加入了氢到不饱和脂肪中，结果让油质变为雪白色固体，成了硬化的饱和脂肪块（氢化到半固体

氢化油含有反式脂肪酸，对身体而言并非好的油品选择。

状，就是酥油，即用于制作点心的植物油），这种由化学师利用不同手法加工成的各种不同密度的氢化油，广泛用在食品加工上，不仅涂抹方便，而且易储藏又稳定不变质。

但氢化后的油脂，使用到各种加工食品上，所需要的饱和度状况不相同，化学师发现在转化过程中，会出现一种不正常的不饱和脂肪酸，称为“转化脂肪酸（TFA）”，当时研究者只是怀疑这种转化不饱和脂肪酸有问题，一直到1990年报告指出，该转化脂肪酸能取代饱和脂肪酸，比原来油脂中的饱和脂肪酸更危险。

该报告指出，转化脂肪酸能增加血液中的胆固醇与低密度脂蛋白含量（是大家都不希望有的坏胆固醇），而且还会减少高密度脂蛋白（好的胆固醇）。研究更发现，当初认为转化脂肪含量不会那么高，结果现在发现转化脂肪酸含量更高。

1992年还发现氢化植物油有同

因发烟点不同，料理中的煎煮炒炸也应该选用不同油品来进行烹饪。

样的结果，证实转化脂肪酸能把有益的“高密度脂蛋白”变成危险性增高的“低密度脂蛋白”，造成摄取高量转化脂肪酸的人罹患心脏病，更会损坏免疫系统，并妨碍胎儿的成长。

如今大部分食品加工业者都在使用此种氢化油，用以生产各种食品。其中美国的玉米油及大豆油都是用来制造氢化油的原料，一旦宣传其危险性，作物可能要减产，谷物商要关门，造成农业上非常大的负面影响。

市面上常见的人造奶油、甜甜圈、玉米饼、法式松饼、薯片、起酥面包、苏打饼干、炸鸡排及薯条，均含有相当分量的氢化油。在此，必须提醒消费者，拒吃氢化油制的食品，控制脂肪摄取量，即可远离氢化油的毒害。尤其用油菜籽油氢化的油，含更大量的转化脂肪酸，不得掉以轻心。

〔油理，必知，避之〕

1.减少油烟、控制油性稳定，可避免家庭主妇长期吸入油烟而导致支气管炎及肺癌发生。
2.凡用油温太高者，均须采用添加抗氧化剂或本身油脂含抗氧化性物以及多不饱和脂肪酸高者。但吃多了多不饱和脂肪酸的油脂，同样会减少好胆固醇，增加坏胆固醇。
3.科学家研究发现，氢化油为目前所有食用油中最不适合人体摄食的油脂，但许多零食点心却都使用此类油脂，消费者要注意其累积食用量。另外，在高温油炸、烘焙的淀粉类食品中，常含有高量的致癌物质。因为一种名为天冬氨酸的氨基酸与某些糖类（如葡萄糖）一起高温油炸或烘烤，就会产生致癌物。

〔食油保健原则〕

1.少吃氢化油。
2.炒菜时，选择多不饱和脂肪酸含量高的油脂。
3.油炸时，选择单不饱和脂肪酸含量高的油脂。
4.少吃回锅油处理过或添加回锅油油炸的食物。
5.到市场上购家庭用油，最好是先选一种油，吃完了，再换另一种油，不要一直选用同一种，因为不同品类的油各有各的优点，不能只看它的某一项优点。

健康的关键——胆固醇

说到油脂就不能忘掉胆固醇，许多人去看医生，吃了降低胆固醇的药，防止高血压、脑溢血、心脏病等，反而导致疾病和死亡来临，我要在此再三提醒有关胆固醇缺乏的严重性，它对人体健康有多么重要。

1. 首先要告诉读者，胆固醇对人体很重要，是必需且不能缺少的，因为有了这种固醇，人体的才能制造细胞膜，有些体内激素及维生素D，全靠胆固醇制造。同时，人除了从饮食中吸收胆固醇外，人体肝脏本身也会制造。何况，血液运送的脂蛋白，是由高密度和低密度胆固醇从中协助，如果胆固醇在人体中太多，就会得高胆固醇血症，造成冠状动脉心脏病和中风。当然个人身体生理组织不同，也会有不同的结果与症状。
2. 除了人体肝脏会生产胆固醇外，动物也会产生胆固醇，特别是鸡蛋黄中含胆固醇量比例最高，动物内脏也含很多，牛油、蛋黄酱、乳酪、全脂牛乳等均是胆固醇含量不少的动物产品，但是植物、谷类、水果均不含胆固醇。

食物中胆固醇含量表

食物名称	胆固醇含量/（毫克/100克）
全脂牛乳	12
低脂牛乳	5
乳酪	100
鸡蛋（全粒）	314
牛油	230
牛肉（肝脏）	265

前面曾说过血液中的胆固醇全靠高密度和低密度脂蛋白运送，吃多了胆固醇，低密度脂蛋白（坏胆固醇）会运送到细胞，再到肝脏储存；而高密度胆固醇能从细胞中吸收，再运送到肝脏而排出体外，降低中风危险。

食物中唯有谷类和蔬果不含胆固醇。

教你选购料理好油

最让人感到忧心的“毒油”事件发生后，我也一直在找好的替代油品，也在此提出参考建议。

1.菜籽油、高油酸的菜籽油，其ω-6：ω-3脂肪酸比例是2.4：1，是高级的油炸油。

2. 不油炸时，以橄榄油最佳，适合油温不高的嫩煎与短时间烘烤。

3.精制葵花籽油：虽然可油炸，但不可常用在油炸中，尤其高温在170℃以上，否则高温油炸后存储时间会变短，还会形成丙烯酰胺，对肝脏有毒。

厨房内该如何安心用油、饮食?

1.烹饪方法由好至坏依次为蒸、煮、嫩煎、烧烤，这些都不需要使用油炸油。

2.多用马铃薯或蔬菜煮浓汤，南瓜煮汤更好。

3.如非要油炸，可少量用油或油炸时换新油。

4.多用瘦肉切片煎、蒸、拌饭菜。

5.鸡或鸭去皮，皮煎出油来再煎炒鸡鸭肉。

6.橄榄、坚果热量高，用量可少一些。

7.鳄梨油的脂肪酸较均衡，是好油。

8.鱼肉一定用煮、烫或蒸，不要烤及油炸，这样较好吃，营养又高。

9.煮汤放番茄、洋葱、胡萝卜、马铃薯、南瓜，不仅好吃，也属于健康汤品。

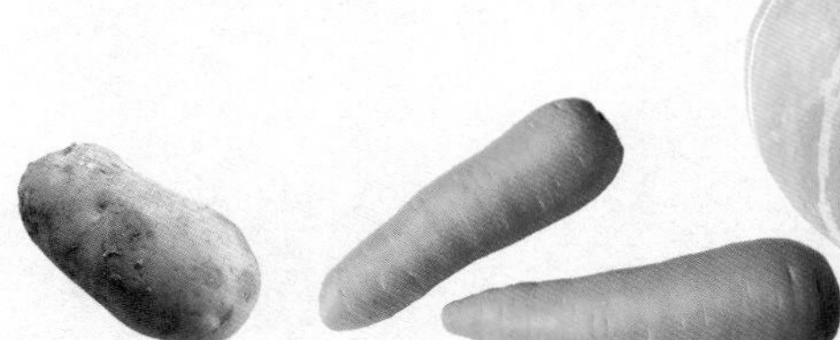

健康Q＆A 好油8大问

Q1 哪些油是好的炒菜油，各有何优劣点?

A **芝麻油**：含芝麻醇，即天然抗氧化剂。

玉米油、混合油、红花籽油：发烟点高、耐高温，但不耐油炸。

Q2 哪些油适合油炸用，各有何优劣点?

A **米糠油、花生油**：氧化稳定性比大豆油好，发烟点高于200℃，熔点为30～38℃（太高，炸后冷却时会形成蜡状斑裂；太低，油炸食物太柔软，品质不良），游离脂肪酸低，耐油炸。

芝麻油：抗氧化性强。

烤酥油：添加抗氧化剂，防止油炸氧化，耐续炸12小时。

Q3 油炸油的基本要求?

A 1.洁白、无臭。

2.油脂经高温仍可保持稳定，不易变色、变味、变黏稠，过氧化物生成诱导期比较长。

3.高发烟点，油炸不易冒烟、起油泡（发烟点200℃以上）。

4.油炸后，油很快滴下，表面不感油腻。

5.含抗氧化物及添加抗氧化剂。

Q4 哪些油适合做沙拉及调味用?

A 冷榨橄榄油、核桃油、杏仁油、芝麻油及葡萄籽油。

Q5 吃油炸食物时，应注意哪些事项?

A

1.不裹衣的肉片，若以稳定植物油油炸，则二者油脂交换，表面吸油少，反而降低肉中饱和油脂。

2.高温（180℃以上）油炸食物，含油量较少。

3.裹衣油炸品会大量吸油。

4.油炸物面积大而薄者，经油炸后，吸油量常大于同面积厚的食物。

Q6 为何厂商及快餐店要选用棕榈油当作油炸油?

A

因棕榈油受热稳定，虽然含有45%的饱和脂肪酸，对心脏不好，但价格便宜，很适合厂商采用，而且植物油与动物油互相配合，可调整其发烟点及熔点至适合的油炸程度。

Q7 各种油炸物&油炸油温的关系?

A

低温油炸：150℃以下，炸方便面。

中温油炸：160～180℃，炸花生。

高温油炸：180～200℃，炸甜甜圈。

炸薯条：140～160℃，吸油率35%。

炸薯片：140～160℃，吸油率25%～30%。

炸油饼：240～250℃，吸油率20%～30%。

炸方便面：130～150℃，吸油率15%～25%。

油炸老豆腐：120～180℃，吸油率30%。

Q8 如何让家庭料理油炸时，油质不易变坏?

A

1.不要用浅盆式锅，油少，油质很快变坏。

2.容器高且深与空气接触面不要太大，油质变坏的机会少。

3.一边油炸一边用小型不锈滤网过滤，将油炸的碎屑捞上来，否则油很快会因碎屑焦化，油色变深，风味变差。

走进加工食品大观园

东西方饮食习惯不尽相同，东方人重节日，应运而生的食品种类繁多，加上东方传统市场盛行，隐藏其中的卫生与安全问题也令人质疑；我们就从节日食品、调味与腌渍酱料、各种速食冷冻食品、零食、甜点、饮料等，来看看加工食品如何潜入我们的生活中。

你知道你吃进了什么？

与西方社会高脂、高糖分的饮食问题相较，我们目前的饮食健康隐忧，似乎比较偏向于食品卫生的把关以及部分调味料的高剂量使用上。尽管味精对人体健康的负面影响广为人知，尽管硼砂、吊白块（漂白剂）、甘素（Dulcin）、盐基碱性嫩黄（Auramine）以及玫瑰红B（Rhodamine B）等是被明令禁止使用的添加物，但是在国内市售食品中，却仍不时可见这些添加物的踪迹。

一般消费者在选购食品的时候，通常会从食物外观与包装上所标示的保存/赏味期限来初步筛选，但是对于内容物或添加物成分却几乎从不假思索，完全交给业者与贩售者来给健康把关。就如同本书一开始所提到的，食品添加物的用量与安全性虽然有法令约束，但那只能针对单一产品的残留量作判定与限制，无法顾及每个人不同的饮食习惯与日积月累摄食可能造成的影响；更遑论国内市面上充斥着许许多多非法业者制造的无包装食品，而这些内容物的危险性如何，恐怕也只有业者与贩售者自己心里知道了。

相关研究也发现，台湾地区的消费者在选购食物时，多会以色泽外观来作为依据，业者为了让食物的卖相更佳，反而会在原本天然健康的食品中加入许多添加剂，以求美化色泽，并延长保存时间。而这些由化学添加物所制造出的“新鲜”假象，就成为国人健康的一大威胁。

You need to know

｜奶茶、珍珠奶茶｜添加防腐剂己二烯酸含量不可超过500毫克/千克；规定不可添加去水醋酸、苯甲酸；奶茶中添加的奶精含高量反式脂肪；而一杯珍珠奶茶的含糖量相当于17颗方糖。

我在这里特别针对目前市售食品分类来提出分析说明，就是希望消费者对自己每天吃下肚子的食品能够多一点健康概念，知道什么样的加工食品会应用什么样的添加物，什么样的口感色泽可能隐藏着危机，在选购食品时，你也可以为自己的健康做好把关。

台湾地区的消费者多喜欢以色泽外观作为挑选食物的依据。

节日美食佐料大临检

中国人是一个注重吃的民族，不仅日常三餐讲究色香味俱全，针对季节时令与传统节日，更设计出许多独特的料理。而这些原本充满古传说色彩与吉祥寓意的应景食品，在日益进步的加工技术和包装下，更加挑逗人们的食欲。

端午节

农历五月适逢炎夏时分，一般市售食品不是推出酸辣口味以刺激食欲，就是打出清爽口感来讨好消费者的嘴。因此，应节的粽子现在也变化出多样的选择，甜味、咸味、冷的、热的，全都出笼了。

一般说来，粽子的主食材都是糯米，只是配料与料理手法有所不同。

咸粽配料：猪肉、香菇、萝卜干、虾米、咸蛋黄、花生、栗子、油炸红葱头等。一个粽子的热量为500～650千卡。

甜粽配料：红豆、糖、麦芽糖、油炸红豆馅等。

素粽配料：花生、调味料等。

粿粽配料：五花肉、萝卜干、虾米、油炸红葱头等。一个粿粽的热量为200～250千卡。

无论是哪一种口味的粽子，因为都是以糯米为主料，吃太多容易造成肠胃不适。此外，过量的油脂，包括炒糯米与配料用的猪油、色拉油甚至是氢化植物油，还有调味用的味精与糖，吃粽子时都必须要注意。

以糯米为主的粽子，因为不容易消化，不宜多吃。

You need to know

为了增加粽子的Q软口感，部分不良业者可能会添加已明令禁用的硼砂。

中秋节

中秋佳节月圆人团圆，大家聚在一起品茗、赏月、吃吃月饼，感觉无比幸福。通常在中秋节前一个月开始，业者就会陆续推出广告促销活动，除了传统的广式或台式月饼有一定的市场，因为时代的特殊口味需求及健康饮食概念的兴起，月饼不再与甜腻和高热量画上等号，反而更像是改良的中式点心。

广式月饼：饼中甜馅所用的油脂都是生油（如果用精炼的油制作月饼，很快会出现油臭味），最常用的当属生花生油。以豆沙馅来说，豆沙会搅入25%~30%的油脂，而糖的用量约为豆沙馅的50%。炒炼豆沙是一门相当专业的技术，优良业者所推出的月饼不会添加防腐剂，在糖汁熬好、豆沙炒好后，再以280℃高温烘烤，大部分有害菌都被杀死。

在饼皮的制作上，主原料为低筋面粉与白砂糖，为了增添美味，多会加入鲜奶油。至于饼皮的反油光，则是将全蛋打匀再用排笔在饼皮上刷上一层薄薄蛋液。因为广式月饼通常不会添加防腐剂，所以在食用期限上要特别留意，而装盒包装的月饼通常也会置入一片吸氧剂，防止发霉。

台式月饼：蛋黄酥、绿豆椪、太阳饼等，都可以算是台式月饼。除了甜馅的高糖分之外，台式月饼的另一个添加物危机在于40%猪油的使用，纵使美味无比，也不适宜多食。

〔不吃太多甜食与发酵食品〕

过量甜食或者发酵食品的摄取，也可能引起肠胃燥症，甚至造成慢性疾病，出现所谓念珠菌（Candida）综合征。

春节

春节除了围炉火锅外，腊肉、香肠、火腿、南北货也是家家户户会采购的商品，而这些食品可能隐藏的问题也相当惊人。如何选购美味且对人体健康无碍的年货？先从它们的成分制作程序开始说起吧！

以火腿（压制火腿）为例，它的制作程序是将主材料猪肉或牛肉盐渍→碾碎并加入调味料→打搅乳化→充填入不锈钢网模→压紧→蒸煮→冷藏。

其添加物成分如下。

调味料：糖、盐、味精。

黏着剂：磷酸盐。

弹性剂：兔肉（高级品）、鱼肉（中级品）。

色素：黄色4号、红色6号、红色7号。

香辛料：甘草、豆蔻、肉桂、五香粉、胡椒。

护色剂：亚硝酸盐。

防腐剂：己二烯酸。

充填剂：大豆蛋白。

其他：马铃薯淀粉或面粉。

香肠、腊肉、火腿的水分活度高于0.90，成品pH在4.6以上，又是嫌气状态的产品，很容易造成肉毒杆菌或毒素的生长（肉毒杆菌毒素只要百万分之一克，即可致人死亡）。因此，即使亚硝酸盐的致癌危险性众所周知，即使它的毒性惊人，但因为它可以抑制肉毒杆菌的生长，而且添加分量可以控制，所以业者在制作这些肉类加工品时，一定会添加亚硝酸盐。虽说是两害相权取其轻，但它对人体健康可能造成影响，不能忽视。

既然亚硝酸盐是这类加工品不能避免的，那该注意些什么，才能将它可能对身体的伤害减到最低？亚硝酸因为可与食品中的胺类形成亚硝胺化合物（Nitroso-amine），会致使动物的肝脏坏死或出血，因此，除其添加分量应控制于卫生标准范围内之外，制造时还应添加抗坏血酸盐（Ascorbate），以减少亚硝胺的生成。

除了护色剂亚硝酸盐及抗坏血酸盐之外，香肠、腊肉及火腿的化学添加物尚包括以下几种。

发色剂：亚硝酸盐。

防腐剂：己二烯酸。

结着剂：磷酸盐。国内业者多使用聚合磷酸盐（以碱性为佳），且聚合磷酸盐可螯合金属离子而抑制脂肪氧化，并有保护肉制品颜色的作用，但添加量太多将会使肉制品有不良味觉。

看了以上的说明，相信你不难想象，在食用这些肉类加工品时，有多少危险物质也被一并吃进肚子中。如果你无法抗拒这些美食的诱惑，至少别忘了控制自己食用的分量，而且在选购香肠、腊肉或火腿

春节时，腊肉、香肠、火腿是不可缺少的年货。

时，要注意以下几点。

1.包装与标示（成分、保存方式及保存期限）是否完整清楚。

2.冷藏或冷冻出售。（冷藏通常可保存15天至1个月，冷冻可保存2个月左右，不宜任意置于室温或放置超过保存期限。）

3.添加护色剂，正常的亚硝酸根含量应控制在30～50毫克/千克（残留量70毫克/千克以下），经过50℃左右干燥4～8小时后，颜色呈红色属正常现象，若产品褐变、出油，甚至滴油，有可能是硝酸盐过量。

在我国传统加工品中，硼砂被普遍使用的状况是相当令人忧心的。前面章节对于硼砂的毒性以及可能引起的硼酸症作了介绍，这个能延长保存期限的添加物，虽然在各国都已明令禁用，但在国内前几年的卫生检验中，仍可发现部分火腿制品、年糕、油面、鱼丸、烧饼、油条等含有此添加物。此外，加工咸鱼也曾出现违法使用色素盐基碱性嫩黄及红色2号现象。

逢年过节时，民众最常准备的熏制食品及烤肉，常含有熏烤后残留的多环芳香族碳氢化合物（致癌物质），那是因食物加热过程中烟熏时产生的甲基根（Methylene Radical）转化而

You need to know

1. 火腿中如加入鱼肉，很容易产生致癌物质亚硝酸胺；因为鱼肉中含水量过多，当盐分不够时会导致腐败发生，因而产生亚硝酸胺，在商业制造上很少会以如此方式生产。
2. 肉类加工品必须要完全煮熟后才能食用，若有发霉或酸败现象，切不可再食用。
3. 根据卫生部门检验发现，现今明文禁用的色素碱性嫩黄与玫瑰红B，因为获取容易，仍常被添加于食物中，如糖果、黄萝卜、酸菜、面条、蛋糕、红姜、话梅及肉松，其毒性甚强，在紫外线下会呈现荧光色泽，消费者务必留心。

来，这类食品最好能避免食用或少吃。

元宵节

汤圆是以糯米粉加水润湿，取10%于沸水中煮熟，再将其与生糯米揉和后，分成一个个小块制得。一般市售汤圆的糯米皮每粒约15克，馅重约5克。甜汤圆馅的主料为芝麻、花生、豆沙、枣泥等，调味成分包括猪油或氢化植物油，以及糖粉。咸汤圆内馅的食材及调味料则为猪肉、味精、盐、糖、油及胡椒。

汤圆的制作原料相当简单，而且多是日常料理中会用到的东西。要注意的是，除了糯米不易消化，猪油与氢化植物油的添加也是一大重点。

汤圆是国人逢年过节、婚嫁喜庆时常见的传统食品。

〔过年过节别吃过头〕

吃年菜时注意不要大鱼大肉带给身体负担，切记每个人摄取热量850千卡，低油、低盐、低热量为佳。年菜中常见的海参、松子、红枣、姜、蒜、西兰花、大白菜可增强身体免疫力，抗氧化，强力杀菌。

传统散装零售市场的隐忧

渔获品从打捞上岸到消费者手中要经过多道程序，低温保存是关键保鲜环节。

选购生鲜鱼类时，要根据外观、色泽、气味及鱼肉弹性来辨识鲜度。（左图）
为防止虾黑变，部分渔民会在带壳生虾上涂撒亚硫酸氢钠，或是以红色色素染红。（右图）

在传统市场中所售的食品，多不是由正规厂商制作推出的，在成分品质的管控上也较容易出现漏洞，再加上食品多以散装零售，消费者无法得知其内容物成分及保存期限，只能凭经验判断。

而且食品未经妥善包装，直接曝晒于陈设售架上，与空气中的氧与灰尘接触后，由此可能造成的影响，以及以手多次触摸后可能造成的污染，着实令人担忧。

遇到散装零售食品无法判断成分与保存期限时，消费者只能从经验来判断。

生鲜食品选购要注意

以鱼、虾、贝类来说，渔获品从生产者到消费者手中需经过：初步处理→保鲜→分级→分装→储藏→运输，这一连贯的过程，都必须保持在低温状态，才能确保基本的新鲜需求。

选购生鲜鱼类食品时，最主要的是就其外观、色泽、气味及鱼肉弹性辨视其新鲜与否。虾类产品的新鲜度辨视法与鱼类大同小异，但要特别注意的是，生虾的壳在贮藏中容易产生黑变现象，最先出现黑变的地方通常在虾头，之后脚末端也会变黑。虾子产生黑变可能因为储藏温度不够低，或是放置的时间较久，这也可作为新鲜度的判断方式之一。但部分渔民或小贩为了防止虾黑变，会在带壳生虾上涂撒亚硫酸氢钠，其添加量过多时，虾壳会失去光泽，甚至出现白斑，触摸

You need to know

有些不良业者会在海产类生鲜食品中添加硼砂，以作防腐及增加脆度之用，或者使用具有毒性的甲醇清洗生鱼表面，作防腐用。

白萝卜、豆芽、口蘑都曾发生过添加荧光增白剂案例。

时有滑溜如肥皂的感觉。

另一个可能有添加物的是大头红虾。一般新鲜红尾虾本来就呈现艳红色泽，但为了掩盖黑变现象，有些鱼贩会以红色色素将虾染红，染色的呈色虽艳，却不若新鲜红虾有着亮丽色泽。

在肉品的选择上，该注意的是其是否经屠宰卫生检查，以及磺胺类药物是否超量的问题。猪肉中之所以残留有磺胺药物，主要是牲畜饲养时，饲料中添加或施打了抗生素所致，人体若摄入过量，会导致甲状腺滤泡性瘤。

肉色深浅依牛、羊、猪、鸡的顺序，由深红渐淡。肉的质地应为细致且有弹性，切面润而不湿，且没有异味。

在蔬果方面，部分水果可能在外皮涂抹防腐剂，消费者在食用前，一定要彻底冲洗干净，或者是去皮；白萝卜、口蘑及豆芽也曾发现添加荧光增白剂的案例，因此消费者在选购时不要一味选择色泽洁白者，因为那些都有可能是化学添加物的杰作。

市场加工熟食大搜查

红烧肉、炸排骨、面食、包子、馒头、煎包、叉烧包、水晶饺等，都是传统市场中常见的熟食，除了油炸物有明显油脂健康疑虑外，油面、粄条及阳春面也可能非法添加硼砂、苯甲酸盐（防腐剂）或以过氧化氢（H_2O_2）作为漂白剂或杀菌剂，以及使用未取得卫生部门许可字号的纯碱——氢氧化钠

（NaOH）或重磷酸盐。

面制品，如馒头、包子的添加物如下。

助面剂：酵母。可使面皮在蒸食后，柔软可口。

膨松剂：泡打粉。

油脂：白色含乳化剂的氢化植物油或猪油、芝麻油。

调味料：盐、糖。

色素及香料：依口味而异。

此外，传统早餐食品中的油条，也常会与部分粥品、饭团或煲汤配合食用。目前油条的炸油多是选用精制色拉油，虽然比一般油炸用的棕榈油、椰子油或氢化油问题少一些，但是因为以新油炸的油条不够香味，业者多会将新旧油以一定比例调和后再油炸，如此一来油脂氧化变质的几率更高，对人体健康所造成的威胁也更惊人。

早期油条中，常会添加硼砂，以增进香脆口感，如今这个添加物经发现具有毒性，已被禁用，但不知是否还有业者不觉其严重性，仍持续使用这个老祖宗的配方。现在合法可用于油条的添加如下。

膨松剂：明矾（缓冲剂、中和剂、固化剂）、小苏打（碳酸氢钠）、

产品名称 成分	馒头	包子	花卷	叉烧包
中筋面粉、麦芯粉	√	√	√	低筋面粉
猪肉	○	√	○	√
氢化白油	√	√	√	√
酵母	√	√	√	√
泡打粉	√	√	√	√
软化助剂	√	√	√	√
精盐	√	√	√	√
味精	○	√	√	√
香辛料	○	√	√	√
酱油	○	√	○	√

阿摩尼亚（臭粉）。

调味料：盐。

其他非法使用化学添加物的案例，还包括皮蛋中含铅、铜过量；素食常吃的面肠及豆干、豆皮等超量使用防腐剂或使用漂白剂及非法定色素。

事实上，为了让食品的卖相更佳、咬劲更足，传统市场中非法添加硼砂与漂白剂的案例还真不少，有些业者甚至消费者可能觉得这些自老祖宗时代沿用至今的添加物吃不死人，仍照用不误，却没想到这些添加物在人体中累积停留，对人体的器官功能与免疫系统造成伤害，进而引发了顽固难治的慢性文明病痛。

五花八门的鱼浆制品

鱼浆的加工过程是取用高级有凝胶鱼种的鱼肉，去掉头、内脏及鳞片得到粗鱼肉，再经过清水漂洗，除去腥臭味，筛去细刺以及杂质碎骨，然后经环状挤压脱水，接着输送到机台上切细，这时加入抗冻剂、蔗糖、山梨糖醇、味精及多磷酸盐搅和均匀后装袋，再送进冷冻室以–40℃急冻后冷藏，等待第二次加工程序。

鱼浆的应用范围相当广，如各类鱼丸、贡丸及火锅料等，都是以其为主原料再加工制作的。若以营养效益来说，鱼浆有鱼肉的精华，又没有腥味、鱼刺，兼具高蛋白、低脂肪的优点，很适合各年龄层食用。但是为了延长食用期限并增添美味，鱼浆制品中的化学添加剂就如同它繁复的加工程序一般，令人眼花缭乱。

早期的冷冻鱼浆都是制作成10千克左右的大块状，不易解冻，有时经过空气自然解冻或加工水解冻后，常因鱼浆制品变质而宣告加工失败。现在的加工手法是将冷冻鱼

You need to know

鱼肉炼制品的表面若产生黏液，表示该食品已开始腐败，不可再食用。

鱼丸、贡丸及火锅料等都是属于鱼浆炼制的加工食品。

浆以电锯切成小块后，再放入回转式刨肉机，将其刨成碎薄片后，加入食盐捣成黏糊状，再添加淀粉及调味料，做成各种形式的炼制品。鱼浆炼制品的添加物成分还真不少，具体如下。

防腐剂：己二烯酸。

护色剂：亚硝酸钾（鱼肉香肠专用添加剂；一般炼制品不必添加）。

弹性及脆度增强剂：重磷酸盐（焦磷酸盐、多磷酸盐）。

水洗用剂：氯化镁（$MgCl_2$，兼具增强弹性和杀菌功效）。

着色剂：鱼糕专用红色6号。

新弹性增助剂：日本武田药厂SZ-2，大豆多糖类加工品则为蛋清。

调味料：砂糖、D-山梨糖醇、盐、凝胶、柠檬酸钠（又可作为乳化剂、稳定剂及pH缓冲剂）、味精、甘氨酸、核苷酸。

部分制品需添加生姜末或木耳末：此情况下必须将生姜末及木耳末先加热到80℃，使其蛋白酶失去活性，待冷却后再添加，才不会影响炼制品的弹性，也不致让酶散化鱼胶。

油脂、香精、人工香料与色素：依各制品需要添加。

消费者在选购火锅料时，可能会被一些“仿制品”所骗，如仿蟹肉棒、仿虾肉及仿干贝等，其内容物成分及加工程序如下。

1.**程序：**冷冻鱼浆(B级品)→加入糖、盐及淀粉→搅和成黏糊状→机械挤压与染色→蒸熟→急冻。

2.**香料：**蟹肉、干贝及虾肉的天然抽出物。

3.**增白及提高脆度：**蛋清。

4.**人工合成香料：**蟹、虾及干贝香味香精。

5.**鲜味料：**味精、核苷酸I/G。

(仿干贝不用添加色素)

再来介绍另一个以高级鱼浆制品为主体的新式美味食品——鱼豆腐。在未油炸前，外观美白，油炸后呈金黄色，口感极佳。它的添加物也是够精彩的，具体如下。

调味料：盐、味精、味淋、葡萄糖。

淀粉：玉米淀粉、马铃薯淀粉。

保水及结着剂：重磷酸盐。

柔软剂：天然蛋白粉。

油脂：大豆油、白油。

凝固剂：FUSH UPL (日制)。

除了一般料理用食材外，鱼浆也可以加工制成零食，例如鳕鱼丝及鱿鱼丝，这两项食品还会再加入维生素C和维生素E作为抗氧化剂。日本进口的油炸鲑鱼丝，添加物包括调味料、香料、单甘油酸酯(乳化剂)、碳酸氢钠(膨松剂)、甘油(湿润剂)，以及氢化植物油等。

〔有包装与成分是选购上策〕

卫生部门检验报告中指出，水产炼制加工品中曾发现非法添加漂白剂及硼砂，消费者在选购时，最好还是选择有品牌包装及成分标示明确者为宜。

餐桌最佳配角：调味酱和腌制品

无论家常小菜或宴席大餐，东西方美食中，都少不了调味酱的辅助。市面上可见的酱料选择，从最基本的酱油、醋、蚝油，到各式口味的蘸酱与淋酱，应有尽有，完全符合现代人便利美味的需求。

美食料理讲究五味的拿捏，酸甜苦辣咸，让人在吃进一口口的食物时得到满足。以前的人善于利用食物的天然口感，除了酱油与糖和醋，做菜时也会加入葱、姜、蒜、辣椒、柠檬汁、橙汁来加味或提味，甚至以酱油为主体，自己调制蘸酱与淋酱。不过，现代人似乎不愿意多花时间在厨房中，而业者掌握此诉求，趁势推出各种口味、用途的现成调味酱。

随着加工工序的复杂化，可以想见的，调味酱的内容中会多出几项人工添加物，而这些添加物的安全性如何？我们先从一般常见的几种消费选择来看看吧。

老祖宗的美味酱油与酱料

对于中式料理来说，酱油不仅是一道传承年代久远的美味秘方，也是绝不可少的美味要角。市面上的酱油可分为两种。

1. 纯天然方式酿造（或称纯酿造）：是以大豆、小麦等为原料，加盐水自然发酵，发酵时间至少为半年。通常此类酱油的色泽较淡，料理时适合最后起热锅前再加入。因未加入防腐剂，开罐后最好存在冰箱中，除了主要原料外，尚会添加砂糖及食盐，并视其需要适量添加酒精。
2. 混合式非纯酿造：一般是厂商按各家配方比例调和纯酿造酱油与化学水解氨基酸（化学酱油），

You need to know

防腐剂中的对羟基苯甲酸丁酯，经由摄食进入体内到代谢排出的时间，约需48小时。

东方美食少不了调味蘸酱的辅助，让口感和味觉更丰富。

并加入防腐剂。此类酱油的售价比纯酿造酱油便宜，瓶上也不会标示“纯酿造”字样。

市面上常见的瓶装酱油，多是60%纯酿造加上40%化学分解酱油，味道香醇，适合卤炖及红烧。当酒精、酱油与油脂在小火中炖煮时，香味最是令人垂涎。

所谓化学分解酱油，大多是利用脱脂黄豆片及脱脂花生片，在低温98℃或高温100℃以上水解，经食用盐酸长时间加热作用，抽出水解臭气，分解黄豆蛋白质成氨基酸，经过碱（碳酸钠）中和分解后的水解液，再过滤储存、沉淀而得的一种高含氮的水解液（有人称为“水解植物蛋白液”）。在欧洲，制作啤酒用的啤酒酵母，也可水解成高浓度含氮水解植物蛋白液，调配成各种不同口味的酱料。

另一个以酱油加料而得的是酱油膏。它是由一般酱油添加变性淀粉、水磨糯米粉以及糖、盐、天然调味料、焦糖酱色及防腐剂配合而成的。可能使用的防腐剂为对羟基苯甲酸丁酯与苯甲酸，前者具强力杀菌作用，属部分国家禁用的危险添加物，但却是国内酱油业者最常使用的；后者为酸制防腐剂，对细菌及霉菌有抑制作用，适于非纯酿酱油及酱油膏使用。

〔醋精与酸度〕

醋精又称冰醋酸，分为两种，一是含有汞（水银），属于价格较便宜的化工级；另一种是不含水银，属较贵的食品级，不过腐蚀性很强，其含酸度为100%酸，通常会加水稀释至政府规定的浓度3%～4%。

在酸度方面，便宜的醋会呛喉咙，市面上许多商业小酒楼多是使用此类，就连五星级大餐厅也曾发现使用这种醋，但是相关食品卫生监管单位及县市卫生局并无人管理，消费者自己要多加小心。

至于纯酿造食醋，可依酸度来分，酸度5%多是餐厅酒楼使用；酸度4%为一般家庭料理；酸度3%属保健饮品。

一般调味酱料成分与添加物

味淋：甜酒风味料，由糯米、米曲、烧酒酿造而成。日本各种海鲜食品均添加此物，类似米酒。日本正规味淋工厂所标示成分为：糯米、米曲、蒸馏酒等共同发酵产生。

香醋：以糯米醋为主体，添加物包括糖、麦芽糖、盐、天然辛香料、色素、味精及蔬果萃取物。

咖喱块：主体为咖喱粉，添加物包括油脂、糖、蜂蜜、盐、辣椒、番茄粉、肉汁、干酪、氨基酸、奶粉、花生粉、果泥、色素、大豆卵磷脂（乳化剂）、柠檬酸、碳酸钙。

高鲜味精：90%味精加10%核苷酸。

番茄酱：主体为番茄糊，添加物包括味精、醋、糖、盐、变性玉米淀粉、天然胡萝卜色素、大豆卵磷脂、番茄天然香料、维生素C（抗氧化剂）。

甜辣酱：以番茄酱为主体，添加物包括辣椒、香菇汁、柠檬酸、醋、味精、糖、盐、变性玉米淀粉、天然胡萝卜色素、红色素、脂肪酸甘油酯。

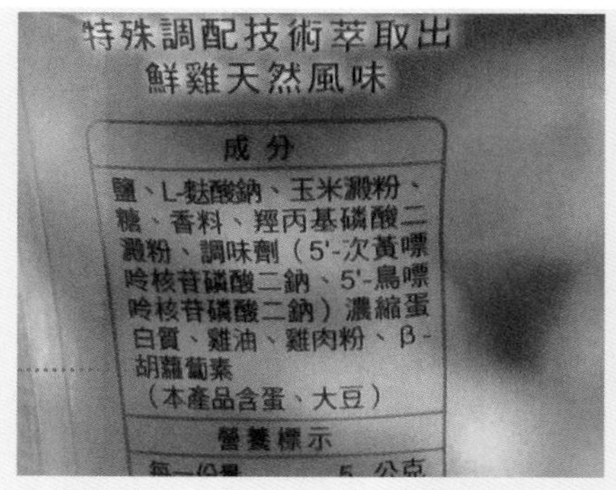

市售鲜鸡精多是利用化学调味剂所调制出来的。

牛排酱：主体为蛋白质水解液（酱油）、盐、糖、味精、天然辛香料、变性玉米淀粉、己二烯酸钾（防腐剂）。

鲜鸡精：内含盐、糖、味精、鲜味料、鸡肉粉、玉米淀粉、鸡油、浓缩蛋白（黏稠剂）、香辛料、麦芽糖糊精（凝固剂）。

低脂沙拉酱：以色拉油、鸡蛋及醋为主，添加物有番茄糊、酸黄瓜、香辛料、味精、糖、盐、醋、变性玉米淀粉、阿斯巴甜、螯合剂EDTA-2Na或EDTA-Ca、苯甲酸钠（酸性防腐剂，对抑制细菌、霉菌、酵母菌及好氧菌有效）。

酱料的防腐与防霉

前几年，国内所制酱油遭欧洲国家检验发现含致癌物，引起一阵哗然，知名业者也出面澄清，保证自家产品无虞。检验报告中所指的致癌物单氯丙二醇，是化学分解酱油制造过程中，因脱脂大豆中残留少量的油脂添加盐酸后分解产生的。虽然部分动物试验显示单氯丙二醇会致癌，但国际组织的食品添加物专家评估后，并未同意此结论，仍许可酱油中有标准含量0.1毫克/千克以下的单氯丙二醇存在，因此经常吃卤味、酱烧等食物的民众，要特别注意每天的摄入量。纯酿造酱油因未经盐酸水解的步骤，无此疑虑。

在日本制作酱油、酱料、食用醋、水果调味酱及酱菜时，多选用羟基苯甲酸丙酯作为防腐剂，此剂对于青霉、黑曲霉、啤酒酵母及对耐渗透压酵母的抗菌作用强过对羟基苯甲酸乙酯。

近年来国内学术机构及卫生部门、食品药品监督管理部门研究发现，带壳花生、花生粉、玉米、冬粉、米粉、牛肉干、蚝干、干贝、豆腐干、红枣、黑枣、扁尖笋、咸肉、鱼干、甘薯粉、甘薯干及面粉等食物，如未经真空包装并置入吸氧剂，或开封后没有放入冰箱，都难逃黄曲霉毒素的污染威胁。

此外，咸菜、梅干菜等腌制物，以及长霉的加工食品，在加工过程中也因不易控管而受到黄曲霉毒素污染。由于南方的气候及湿度正符合黄曲霉毒的生长环境，所以一般食物受黄曲霉毒素污染的几率也相对增高，例如古法酿制的酱油、豆腐乳、豆瓣酱、玉米、五谷杂粮、动物内脏、牛奶及蛋，都属于容易受污染的食物，民众们要特别注意。

〔远离黄曲霉毒素的方法〕

1.多吃含叶绿素的绿色蔬菜。
2.注意食物保鲜及防潮。
3.少吃腌制品。
4.食物上若出现黑点即不可再食用。
5.尽量选择有真空包装的食物。

小心腌制食物的陷阱

多食腌制食品对人体健康的威胁广为人知，但因在传统饮食文化中，腌制品占有一定分量，人们食用的频率也相当高。特别要注意的是，吃太多腌制咸鱼与腌制肉品，罹患胃癌及食道癌的几率会增高，大量摄食醋泡小黄瓜类的食品则易得口腔癌。

此外，腌制品虽多经过发酵、脱盐及压干调味过程，但是钠的含量还是很高，对于年龄较大的人来说，特别要注意摄取量不宜太多。传统早餐中常可见腌制的配菜，目前市面上也有许多日韩风味及西式的罐装腌制食品可选择。

常见腌制食品及其成分

瓶装咸橄榄：主体为橄榄，添加物包括盐、醋、维生素C（抗氧化剂）、味精。

脆瓜：主体为小黄瓜，添加物包括盐、醋、天然香料、亚硫酸钾（漂白剂，同时还兼有防止褐变、发酵的效果）。

咸菜、梅干菜等腌制物，容易因加工过程不易控管而受到黄曲霉毒素污染。

苦瓜：主体为苦瓜及豆豉，添加物包括糖、盐、味精、酱油、香菇汁（瓶装杀菌，未添加防腐剂）。

玉笋丝：主体为经腌渍发酵的幼笋，经加工切成细条状入罐、杀菌，添加物包括糖、盐、植物油、芝麻油、味精。

酱瓜：主体为小黄瓜，经盐腌渍发酵、切片、脱盐、压干后，添加糖、盐、酱油及味精浸渍。

香辣牛蒡：将牛蒡去皮后切丝，再添加糖、盐、维生素C（抗氧化剂）、磷酸盐（增脆剂）、辣椒粉及芝麻油。

日式醋嫩姜：将嫩姜盐腌发酵后，加醋入瓶，添加物包括糖、盐、味精、己二烯酸钾（防腐剂）。

韩式泡菜：主体为山东大白菜，添加物包括糖、盐、虾酱、辣椒粉、洋葱、姜、蒜、萝卜、椒红色素、发酵气体吸收剂（放入吸收剂袋中）。

昔日生活不发达，腌渍也是保存盛产食物的一种方法。

其他：像是酸菜、黄萝卜及萝卜干等传统腌制食品，也曾发现有违法添加黄色色素盐基碱性嫩黄及使用吊白块漂白的情况，民众如要选购，最好是挑选有成分标示的产品，或是自己买食材回来腌制比较保险。

腌渍乳酸菌对肠胃很好

腌制品虽不宜吃太多，但也不都是坏食物，这里我也要破除一些迷信，提一下有关基本发酵食物的好处与正确观念，读者才能体会这种美味其实很好。

平日我们常看动物片，看到动物常常会舔食矿物岩石的表面，可以知道各种动物所需要的矿物质大多是咸味，如果缺少了此成分，对人类来说将会食而无味、不能下咽，所以动物必须靠食盐来延续生命，而人没有了NaCl（食盐），根本体会不出食物的美味。

一般有名的专家常在电视上告

自己DIY的腌渍品主要是盐渍自然发酵，所产生的乳酸菌对肠胃很好。

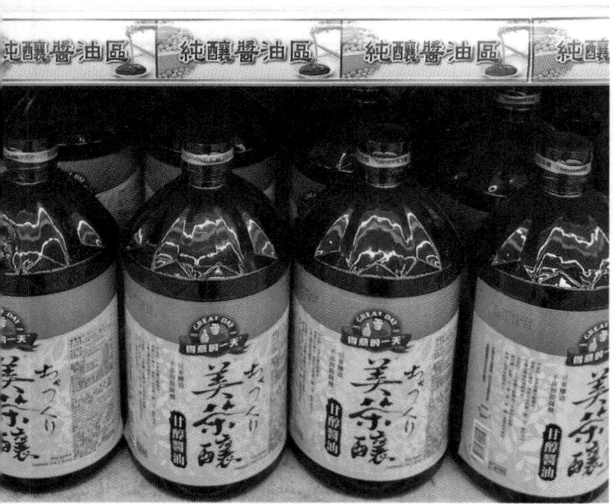

酱油是东方料理的重要调味料，大多数酱油为小麦、黄豆酿造，有些台式传统酱油则多选用黑豆发酵酿造。

诫电视观众少吃腌渍加工品，因为内含有亚硝酸盐，其实这是一个很大的误解，为什么呢？

因为，腌渍加工分为两种，第一种是蔬菜用少许海盐，揉一揉挤出多余的水分，再用冷开水冲一下，接着挤去水分，加糖、醋、酒、酱油，腌渍2小时就可吃了，这里没有加硝酸盐的必要，甚至该蔬菜的硝酸盐含量反而更少。

第二种是在蔬菜中加入2%～3%的盐腌渍发酵，产生的乳酸菌对肠胃更好，硝酸盐也少。

酱油、豆酱、味噌的甘香之道

酱油、豆酱、味噌除了用黄豆、小米、小麦、米等发酵之外，还可以用氨基酸盐溶液调配。前者完全靠微生物作用，经过淀粉的糊化、液化、糖化、醇化、酯化等一系列的发酵作用，一方面可以保存食物，另一方面可以美味食物、营养食物。酱油、豆酱为了防腐，盐度都维持在18%以上，而海水的咸味含氯化钠只有3.5%而已，同时还有一些苦的盐卤在内，也就是海水苦咸的原因。目前味噌盐度降到15%，因此都需要放在冰箱冷冻保鲜才不会变质，但并不需要添加防腐剂，可以吃得安心、安全。

古时，我们的老祖先就知道酱油、豆酱的用料生产都要遵守老祖先的法则，黄豆和小麦的配比各占50%，而食盐的浓度达21%才能生产发酵酱油，如此也才可以引起大家的食欲，吃入各种营养才有健康的精力。至于日本淡口酱油、浓口酱油，两者盐度相差2%左右。

笔者拥有很长时间的制作酱油与豆酱的经验，发现在酱油压榨后的压渣中，若再加水搅和压榨，所得到的酱油汁鲜香味都失去了，只剩残渣，虽会感到咸却不会产生令人愉快的美味，而这也是发酵熟成后的结果。不过有一个事实，蛋白质经微生物发酵后产生氨基酸，而氨基酸会因脱羧产生一部分胺类，这会使我们的舌尖对咸味发生麻痹，日本喝的味噌汤含胺类多，人们因此在不知不觉中摄入了超过身体所需的盐分。

酱油、豆酱、味噌是东方人的主要调味料，目前为了健康起见，减盐之风很盛，实际上，美国人从1954年就开始提倡减盐饮食，因为高血脂及脑疾病而病死的人数日增，从美国限钠的手册上，我们看到有用氯化钾、氯化氨、柠檬酸、磷酸盐、谷氨酸等与盐混合，特别像减盐酱油，含钾离子特多，肾脏特别不好或洗肾的人应少吃，一般人每天吃10克，摄取不要超量。

〔少吃钠护健康〕

我们生活中其实有许多钠含量极高的食物，除了腌制品以外，火锅料及柠檬汁等也含有高量的钠，民众要注意一天的摄入量，以免对身体造成伤害。

日常调味品简易测验法

我们日常生活中的调味品相当繁多，有许多标榜着“天然100%”“无添加XX”，或是“不含XX”等，虽然字面挂着许多保证，仍无法令人安心信任，这里提供几项简易调味品检测方法，供读者自我测试，辨别真伪。

1.纯蜂蜜：取几滴蜂蜜抹在蚂蚁正在爬的地方，若蚂蚁不吃反而跑走，代表是纯蜂蜜，因为纯蜂蜜水分低、很黏稠又不含白糖及果糖。

2.纯酿造酱油：将瓶装的酱油上下摇动产生很多气泡，若气泡不会立刻消破即是纯酿造；若摇动后气泡很快消失，可能就是非纯酿造了。

3.醋：是我们日常使用最多的调味品之一，不管白醋（米醋）、乌醋，可以小小地喝一口，慢慢咽下喉去，若在喉咙处没有刺呛感，很柔和，就属纯酿造；反之，若有刺喉感，就是掺了冰醋酸的醋，最好别吃。

为了健康起见，味噌的盐度从过去的18%降至15%。

4.如果你担心购买的蔬菜有很多农药没有早期消失掉，可利用少许洗蔬果的水，用pH试纸测试，若偏红或蓝均有疑问，必须多洗几次。水果则最好去皮，汆烫过蔬菜的水、火锅的汤、煮油炸面的汤最好都丢掉不吃。

5.市面上的拉面，尤其是小夜市的拉面汤，最好只吃面留下汤，因为有很多汤头都是用化学调味料快速调配再加入应景配料，例如大锅中放几块骨，再添加有猪肉、牛肉味的大骨粉；化学酱油中则有非必需氨基酸，其分子小、极性较大，可防腐、易溶于水，口感好，若多吃、常吃，对肝肾功能具伤害性。

6.有些化学添加物具有特殊香味，读者必须了解，这些吃了多半会感觉口渴，要小心。例如，苯甲酸具杏仁味，2-甲基-3-呋喃硫醇具有肉香，乙酸异戊酯就是香蕉精，乳油酸有乳酸味，柠檬酸与冰醋酸属一般酸味，2-甲基戊酸带有辣味，γ-辛内酯有椰香，2-壬炔酸甲酯有蔬菜香。另外，乳化剂＋酵母抽取液（鲜味）就是高汤香料，而蚂蚁、蟑螂都不吃化学高汤。

7.XX牌鸡汤块100%是化学高汤，从其成分即可判别。

❶水解植物玉米蛋白（HVP）：综合氨基酸鲜味（有）

❷调味剂：综合鲜味（有）

❸糖（有）

❹鸡肉粉：热时会产生香味（有）

❺植物油（有）

❻淀粉（无）

❼乳糖（无）

❽鸡油（有）

❾浓缩蛋白质／酵母精粉（高鲜味）＋盐、鸡汁

8.人造黄油：成分为氢化油、类胡萝卜素、香精。

9.好的植物油：开黄花的菜籽油，在欧美非常盛行且高度推广使用。因为该油含ω-6：ω-3脂肪酸的比例为24:1，有益人体健康。高油酸菜籽油是上等的油炸用油。

蜜饯背后的人工合成添加剂

早期南方水果一到丰收季，除了压低售价猛力促销外，在没有适当冷藏设备储放收成物的情况下，只有将水果以盐及糖腌渍的方法处理，以延长其赏味期。渐渐地，食品加工技术进步，水果脱水及糖渍的技巧也更专业有效率，市面上也慢慢出现不同口味和种类的蜜饯。

为适应国内外市场的需求，蜜饯加工业者想尽办法，利用添加物制造出卖相佳、风味优的食品，除了重口味的糖盐腌渍，还需要添加防腐剂，以确保其风味不变，使用人工色素让新鲜水果原有的诱人色泽重现，而为了塑造出酸甜芬芳的口味，当然也少不了调味料与香料。

但我们不能忽略的事实是，当这些美味的催化剂被吃下肚后，却

成了令身体难以代谢的负担。

常见蜜饯食品

甜菊梅：生梅经盐渍去苦味→脱盐→压干→浸糖液。

添加物：砂糖、甜菊抽出物、人工合成菊花香、糖精钠盐、环己基氨基磺酸钠、糖蜜素、食用红色色素6号、苯甲酸（防腐剂）。

菠萝/芒果干：水果→储存于冰醋酸池中（防腐兼漂白）→水煮，漂色，去酸→糖渍→脱水。

添加物：砂糖、亚硫酸盐（漂白剂）。

蜜李：李子→水煮→沥水→调味料腌渍。

添加物：砂糖、味精、糖精、甘草精、苯甲酸（防腐剂）、柠檬酸。

干咸梅：生梅→盐渍→去苦水→日晒或脱水。

添加物：砂糖、盐、糖精钠盐、人工合成香精、姜料、苯甲酸（防腐剂）。

从曾发生过的“毒蜜饯”事件中，我们可以发现市面上充斥着多

我们常吃的这些蜜饯虽然经过糖渍，但仍需添加防腐剂以利久存。

You need to know

|**腌渍或脱水蜜饯类**|除了制造过程的卫生问题外，还有大量色素及亚硫酸盐（防腐剂）、漂白剂的添加，甚至常会有违法使用糖精及漂白剂的情形。

|**调理话梅**|环己基（代）氨基磺酸钠超标34倍，糖精超标3.5倍（太甜、太鲜艳）。甜精：有碍肠胃，伤肝、肾、膀胱。

少危害人体健康的蜜饯食品，除了正规厂家包装出产的各种蜜饯及脱水水果（在合法用量范围内添加防腐剂、漂白剂、代糖、品质改良剂、人工色素、香料、天然甜味料及人工酸味料），夜市、路边摊及零食店还流通着来路不明的散装廉价蜜饯，没有成分标示，也没有注明加工厂商、地址、商号及制造日期。这样的食物，你真的能安心将它吃进肚子中吗?

失衡的速食和半熟食冷冻冷藏品

对于忙碌的现代人来说，只要稍做加热便可进食的简便快餐，不仅可以让人快速填饱肚子，还可以让吃惯中式家常菜的人换一下口味，实在不失为一项美味的新选择。但是速食的美味，通常是由大量的食品添加物所堆砌出来的，不仅其中的化学添加物可能给身体的代谢造成负担，高糖及高油脂的内容物，也可能导致肥胖与文明病的发生。

速食市场的成形，造就了社会一股新消费势力，这种跨越主食与零食界线的消费路线，特别受到青少年的喜爱，但也因为如此，而令营养学家格外忧心。一般来说，无论是美式即食选择或是中式速食料理，都侧重于口味的诉求，在营养的照顾上难以顾全，因此，习惯将这些速食选择当作日常主食的人，特别需要注意饮食平衡之道。

高脂高糖的美式速食

汉堡、炸鸡、薯条，那令人垂涎的香味诱惑，加上温热松软的口感，确实让人难以抵挡，但其中所含的高热量，却制造出最令人头痛的肥胖问题。美式速食的热食多以油炸加热料理，配合食用的饮料又多含有高糖分。高脂加上高糖的搭配，不仅让肠胃受到折磨，食入体内后，又被体内酶分解，作为热量供给，累积下来又变成恼人的脂肪，破坏体形，又增加体内的低密度脂蛋白胆固醇（坏胆固醇），对心脏、血管及脑部造成负担。难怪现在有那么多人要出面呼吁大家抵制速食品。

常见美式速食品

炸鸡

主体：鸡肉。

汉堡和薯条美味诱人，但其高热量也是促使肥胖形成的主因。

调味料：盐、味精、胡椒粉。

裹衣：盐、味精、磷酸盐（黏着剂）、变性淀粉、碳酸钠及碳酸钾（膨松剂）。

料理手法：180～220℃高温油炸（椰子油、棕榈油或氢化植物油）

※负面影响：含高油脂、高热量。油脂在反复油炸中酸化→饱和脂肪酸→影响胃肠，增加低密度脂蛋白胆固醇，血液浓度增高，进而增加对心脏的压力。

薯条

主体：马铃薯。

调味料：盐、味精、咖喱粉、柠檬酸粉、葡萄糖粉。

料理手法：以棕榈油或氢化植物油油炸。

※负面影响：因其为淀粉食品，吸油量特别多，食入体内难以消化且增加新陈代谢负担，还可能造成口腔溃疡或过敏现象。

玉米浓汤

主体：罐头甜玉米粒。

添加物：奶油或氢化植物油、玉

米粉或面粉、味精、奶油香香料、砂糖及盐。

牛肉派

外皮：面粉、砂糖、氢化植物油、盐、干活酵母、脂肪酸甘油酯（变质软化剂）、蛋、奶粉。

肉饼：牛肉加猪肉、重磷酸（结着剂）、玉米粉、味精、酱油、色素、糖、盐、香辛料。

起司片：牛乳、酶（沉淀凝结剂）、烟熏香料。

松饼

主体：精制低筋面粉。

添加物：蛋、牛乳、泡打粉（膨松剂）、葡萄糖、盐。

蜂蜜夹心小甜圈

主体：玉米粉。

添加物：糖、蜂蜜、盐、氢化棉籽油、燕麦粉、米粉、蜂蜜全麦苏打碎饼、脆米、复合香味剂、抗氧化剂BHT、还原铁、氧化锌、维生素及叶酸。

人气不减的方便面与粥品

方便面的种类选择繁多，从风靡数个世代的干吃面，到多种口味

本土方便面市场火热，进口方便面也前来抢攻地盘。

的附料碗面，各品牌的促销战打得火热，市场也被炒得鼎沸，连日本、韩国的厂商也来中国抢攻地盘，国内方便面的消费力可见一斑。

若先就方便面面条的部分来看，依生产加工过程的不同可分为油炸干燥面与蒸汽热干燥面，前者以热水浸泡即可食用，后者需以沸水煮3～4分钟。

面条在生产加工过程所使用的添加物，视各国政府法令规定而各有所异。在台湾地区有一家生产非油炸面的工厂，经过ISO质量认证，

其所生产的面条不经油炸、不添加防腐剂，所采用的面粉也是特为面条专用的精制面粉，加入盐分及冰水（6～11℃），利用真空搅面机搅拌均匀，再将面条蒸熟风干。

由国外进口的泡菜拉面，其面条非常耐煮，咬劲极够，因其面条中添加了变性淀粉、轻油炸棕榈油及碱性化剂，故面条弹性与耐煮性更佳。目前新鲜面条的成分与其相似，口感也接近。

方便面的口味一般多偏重，调味包中的盐及味精，油脂包中的氢化植物油，对于人体都是相当大的负担。若是又采用油炸面，则有油炸油快速变质的危机，以及其所含的饱和脂肪，对于新陈代谢较差的人来说，易造成负面影响。

除了方便面外，目前市面上还有速食粥可供选择。速食粥的生产原理有两种；一种是米经膨化后添加乳化剂，另一种是以淀粉为主体，放置使其“β化”。两者在食用前控制产品的水分在6%以下，即不在微生物可生存的状态下。冲泡90℃热水后，即化为糊状可食。

常见方便面、粥

进口拉面

主体：高筋、中筋级精制面粉及交联马铃薯淀粉（使面条光滑耐煮）。

添加物：棕榈油（油炸面条至金黄色）、盐、味精、碳酸钾及碳酸钠（面筋增强剂）、重磷酸钠盐。

韩国轻油炸面

面条：140℃油炸面。

调味料：葡萄糖、糖。

汤料：盐、味精、辣椒粉、蒜、黑胡椒粉、姜粉、泡菜、泡菜粉、酱油粉。

油脂包：棕榈油或动植物油脂。

脱水蔬菜：胡萝卜、干洋葱、泡菜片。

本土方便面

面条：油炸面或非油炸面。

调味料：葡萄糖、焦糖粉、盐、风味增加剂、味精、胡椒、辣椒粉。

酱包：盐、味精、米酒、色拉油、味噌酱。

脱水蔬菜：青葱、胡萝卜、七味粉。

速食粥品

调味料：盐、味精、香菇、交联淀

方便面调味料口味偏重，加入时要斟酌。

粉、玉米糖浆。

附件：脱水干燥蔬菜、胡萝卜、青葱、脱水干燥肉及肉粉。

营养增强剂：12种维生素。

半熟不热的冷冻冷藏食品

除了方便美味的即时速食品，厂商也针对现代人需求推出多种加工半熟食，消费者只要将其微波加热或水煮加料后即可食用。

以目前市面上所供应的新鲜冷藏压制面条来看，为了减小保存温度变化带来的影响并延长储藏期限，多会添加丙二醇（Propylene Glycol）作为防腐剂，再配合酒精使用，防腐效果更佳，并对一般细菌与病原菌有杀菌作用，还可增添面质的弹性及表面光泽。也有部分厂商会添加山梨糖醇，防止面条表面过于干燥，并降低煮熟面条的水分活度，以抑制细菌繁殖。

常见冷冻食品

乌冬面：大多采用澳洲白小麦，添加物包括马铃薯淀粉、盐、调味料及酒精（作防腐剂用）。

油面：以高筋面粉为主体，加水比一般面条少，压得比较硬一些，略加盐后煮熟，再搅拌加热过的色拉油，吹风冷却。其他添加物还有β-胡萝卜素，以增进美观。

许多上班族喜欢这类半熟食冷冻食品，水煮加料即可食用，相当便利。

单是冷冻豆腐就延伸出多样种类，制作方式不同，口感上也略有差别。

冷冻包子：外皮材料为面粉、盐、氢化油、泡打粉、酶或化学合成乳化剂（面质改良剂）。内馅添加物包括氢化植物油、味精、酱油、糖、盐、大豆蛋白及香辛料。

墨鱼饺：皮料为墨鱼浆加马铃薯淀粉，内馅包括猪肉、氢化油、糖、盐、胡椒、味精。

花生（芝麻）汤圆：外皮食材为糯米粉及速冻油，内馅包括花生粉（芝麻粉）、糖粉、氢化植物油。

萝卜糕：米淀粉浆、糖、盐、油、炒萝卜、虾仁、味精。

冷冻炸鸡块：主体为鸡肉裹浆（裹浆率不可超过鸡肉的35%），添加物包括糖、面粉、盐、味精、焦磷酸钠及多磷酸铁（结着剂）。

广式香肠：主体为肉碎或五花肉，添加物包括味精、丁香、胡椒、己二烯酸钾（防腐剂）、磷酸盐（结着剂）、维生素E（抗氧化剂）、亚硝酸盐（护色剂）。

筒仔米糕：主体为炒香的糯米，添加物包括猪油、红葱酥、香菇、胡椒、爆香虾米、花生、味精以及酱油等。

传统板豆腐：将黄豆浸泡后加水磨成浆，加入精制硫酸钙（凝固剂）后，去水、压块。

日本豆腐（嫩豆腐）：做法同硬豆腐。唯黄豆在浸泡后要去皮，而且加水量少。在过滤煮沸后，要很快

You need to know

新鲜面条和油面中常会添加重磷酸盐，以增加弹性与韧性，并减少面条煮食时的浊度。如过量添加，会让面条在入口时产生涩感（收敛性）。

将豆浆冷却，再加入葡萄糖酸-δ-内酯（凝固剂）及氯化镁。葡萄糖酸-δ-内酯在添加后两小时会将豆浆的pH降到2.5，使其凝固成酸软性豆腐。

中式豆腐：类同日式豆腐，再添加大豆卵磷脂（乳化剂）及碳酸钙（营养素）。

传统板豆腐虽没有日本豆腐滑嫩，但制作上较快速且豆香味也较浓郁。

花样百变的休闲零食和甜点

在你吃下一口口香甜可口的夹心饼干，或是一颗颗糖衣巧克力、裹衣花生时，你可曾想过：为何原本天然简单的食材，经过一道道加工程序后，竟可变化出如此多样的口味与外貌？没错，这一切说起来都是拜食品添加物所赐。可你可能不知道的是，这些大人小孩都爱的甜点与零食，却是与许多莫名病痛画下连接号的。

为自家儿童零食把关

国外医学研究早已发现，过动儿的行动问题与食品添加物有相当大的关系，并有许多机构开始针对此议题展开一系列研究。英国广播公司BBC曾发表一则新闻，指出食品添加物可能导致学童过动行为，并造成易怒现象。此研究是由医学界与家长们针对学童在食用零食或饮料前后所产生的行为差异做

果冻是小孩子无法抗拒的美味零食。

深入分析。

令人惊讶的是，一小包市场常见的饼干零食，或是一小瓶罐装饮料，就足以在我们未来主人翁的体内埋下一枚“定时炸弹”。

在所有的美味食品中，休闲零食的品种选择最多，使用添加物的情况也最普遍，所以，当你在为自己或孩子们选购零食时，别忘了先看看其中的成分内容。

甜蜜蜜的果冻与糖果

果冻的由来与蜜饯十分相似，都是为了将丰收的水果妥善利用，经加工手法变化出的可口零食。许多天然水果，像是草莓、桑葚、梅子、李子、桃子等，本身即含有大量胶质，经水煮加糖冷却后，就结

You need to know

砂糖在被人体消化后，会使血液呈酸性，需要消耗体内大量的矿物质来中和，使人体的免疫系统减弱，也会扰乱体内胰岛素的运作，引发糖尿病。

成QQ的弹性块状，也就是现代果冻的前身。

目前市面上有多种口味的果冻可选择，除了得利于人工合成香料，在成熟的加工技术与自动化机械的配备下，果冻除了口味的变化，还可以加蒟蒻、果肉等来丰富口感。一般果冻的制造流程是，先利用混合机将糖及果胶粉和匀后，置入煮液机中搅拌定温，并加入酸剂使其呈透明胶质状，再送至输送带定量充填，封盖，最后将其送入100℃沸水中杀菌，冷却后即为成品。

甜甜的糖果，对于小孩来说可算是最佳奖赏物，尤其在喜庆场合中，更成了幸福甜蜜的象征。一般女孩子都知道糖果是身材的杀手，吃多了会变胖，但却不知道砂糖对人体的免疫系统有极大的杀伤力，基于健康的考量，更应该避免食用。

人体的细胞运作虽需要糖分提供能量，但却是有选择的。天然食物中所含有的糖分，提供给人体的是多糖，食入体内后，再慢慢被消化为葡萄糖，供应能量给每一个细胞。然而，我们最常吃到的砂糖，虽然也是自甘蔗中提取而得，但经过提炼、净化及漂白等化学工序后，最后所得的只是完全没有矿物质、没有微量元素、没有维生素及酶的蔗糖。如此加工后所得的蔗糖，也就是我们一般在点心、糖果中所吃到的，是对身体代谢的一大负担。

常见果冻、糖果

蒟蒻果冻：果冻的非营养性成分占大部分，对食用者唯一的好处就是供给热量。如果吃多了，果冻中添加的化学酸料、香料及色素，会增加小朋友肾脏的代谢负担，奉劝家长还是少给小朋友吃。

奶香浓郁的牛轧糖是老少咸宜的糖果。

拥有独特口感的羊羹非常适合当作品茶的甜品。

添加料：砂糖、麦芽糖浆、乳酸钙、柠檬酸、柠檬酸钙、人工合成色素、香料、明胶（吉利丁）、植物胶、苯甲酸（防腐剂，如有添加酸乳就必须添加）。

一般糖果：以砂糖与麦芽糖浆或转化糖以7：3比例调和，添加物包括氢化植物油、奶油、牛乳、炼乳、果胶、明胶、玉米粉、中低筋面粉、蛋白、琼脂、糊精、蛋黄素、香料及少量的盐。

牛轧糖：以砂糖、麦芽糖浆、奶油、乳粉及椰子粉为主体，添加物包括盐、甘油三酯（乳化剂）、香精、牛油。

瑞士糖：以葡萄糖与砂糖为主，添加物包括氢化植物油、凝胶、柠檬酸、色素、大豆卵磷脂（乳化剂）。

贡糖：主体为花生粉、麦芽糖浆及砂糖，添加物包括麦芽糖、盐、色拉油（特别要小心花生粉中可能含有黄曲霉毒素）。

牛奶糖：主体为牛乳、砂糖及麦芽糖浆，添加物则包括麦芽糊糖、香精、卵磷脂、氢化植物油、全脂炼乳、乳粉。

软糖：以软化果胶、砂糖及麦芽糖浆为主体，添加物包括麦芽糊精、明胶、柠檬酸、柠檬酸钙、天然果汁、香精、维生素C（抗氧化剂）、色素。

羊羹：以砂糖、麦芽糖浆及红豆沙为主体，添加物包括麦芽糖、琼脂、香精、色素、糊精、蛋黄素（乳化剂）。

魅力无穷的淀粉类甜点

前文曾经提到，淀粉类食品在经油炸或高温烘焙后容易产生危险致癌物，而之前用作面粉改良剂的溴酸钾（现已禁用）更是具有相当惊人的毒性。

国外研究报道也指出，面包、

饼干中的发酵成分，对于视觉神经的发育具一定的负面效果，过敏性体质的人也不宜多食。

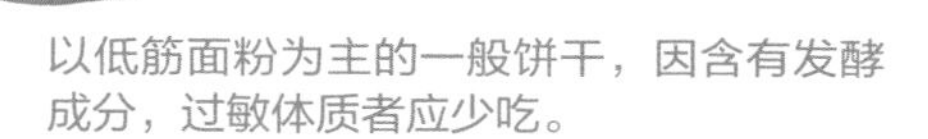
以低筋面粉为主的一般饼干，因含有发酵成分，过敏体质者应少吃。

常见淀粉类点心

一般饼干：以低筋面粉为主，添加物包括砂糖或麦芽糖（添加比例为5%～50%）、盐、玉米粉、酥油或氢化植物油、鸡蛋、乳制品、香料、泡打粉、碳酸氢钠（苏打饼干用高筋面粉，添加酵母，用半发酵法制作）。

台式喜饼：主体为面粉及糖浆，添加物包括白砂糖、氢化植物油、酥油、香精、磷酸盐、丙酸钠（防腐剂）。

蛋卷：以低筋面粉为主体，添加物包括砂糖、寡糖、精制猪油、氢化油、酥油、维生素E（抗氧化剂）、鸡蛋。

蔬菜饼干：以面粉为主，添加物包括椰子油或氢化植物油、麦芽糊精、蔗糖、面筋（强力结着剂）、酵母、酶、脱水蔬菜、色素、碳酸钠、味精、蛋白水解液、大豆卵磷脂、香料。

泡芙：外皮由面粉、鸡蛋、砂糖加奶粉制成，内馅添加物包括氢化油、乳糖、卵磷脂、香料、柠檬酸、色素。

煎饼：以面粉及牛乳为主，添加物包括砂糖、鸡蛋、奶油、花生仁、香料（特色是热量高，蛋白质含量也高）。

薯片：主体为马铃薯，添加物包括

粳米制成的米果，有不少口味与样式，是老少咸宜的零食点心。

糖、盐、香料、味精、胡椒、辣椒、抗氧化剂、精制棕榈油。

米果：以精米（粳米或糯米）及淀粉为主体，添加料包括砂糖、味精、酱油、泡打粉、棕榈油或是椰子油等。

精致诱人的西点：蛋糕、面包

在所有糕点中，西式蛋糕和面包可说是外表最精致诱人，口味变化多，可以填饱肚子，也可以当零食吃。无论是早餐、下午茶或是生日聚会，都可见各式蛋糕面包的踪迹，记得平日常会听到老一辈的人告诫小孩子不要吃太多含有化学膨松剂的食物，究竟这些美味食品的添加成分内容为何？对人体真的会有负面影响吗？让我们从它的制造成分上来看看吧！

常见西式点心

奶油蛋糕：主体为奶油（熔点较低的动物油）、糖、色拉油、乳酪、面粉（含漂白剂）。添加物包括蜂蜜、糖浆、鲜奶、奶粉、巧克力或其他香料、果酱、泡打粉、塔塔粉、氢化油等。

起司夹心蛋糕：主体为面粉及起司，添加物包括砂糖、果糖糖浆、麦芽糖、奶油、氢化油或酥油、香精、胡萝卜色素、碳酸钠、卵磷脂、盐、乳清蛋白粉、全脂奶粉。

※光是看这一长串成分明细，就知道如果肠胃不够强壮，怎么消化这些东西呢？

甜甜圈：添加物包括糖、氢化油、色拉油、果酱、奶油、全蛋、牛乳、酵母、盐、乳粉、泡打粉、吉利丁、乳化剂。

※经过油炸后的甜甜圈，又多了一分氧化油脂的危机。

面包：添加剂包括糖、奶油、乳

甜甜圈在甜点市场上颇受欢迎，花样、吃法也不断翻新。

咬起来咔咔作响的香瓜子是相当普遍且喜庆应景的零食。

粉、蛋、盐、酵母、乳化剂、防腐剂、氢化油、焦糖色素。

※如果是包馅或涂料的面包，其添加物又多出许多。

健康零食真的健康吗?

最近国内零食市场随着国际潮流转动，出现许多以海鲜类食品（像是小鱼、小虾）及核果仁调味加工的食品，再加上以被喻为“21世纪营养圣品”的黄豆为主体，所加工制造出来的豆干等，市场上仿佛多了许多健康选择，但事实真的是如此吗?

其实这些食材中原有的营养相当丰富，但加工过程所造成的变化，以及化学添加物的加入，让一些原本对身体有益的元素消失殆尽，甚至变成对健康具有负面影响的食品。

常见西式点心

豆干：主体为豆腐干，添加物包括砂糖、盐、酱油、五香粉、辣椒、焦糖色素、红色6号、黄色5号、己二烯酸、苯甲酸、味精。

※有些真空包装的手工豆干是不添加防腐剂的。

樱花虾&小鱼干：以干燥樱花虾及小鱼干为主体，添加物包括砂糖、麦芽糖、辣椒、味精、抗氧化剂BHA。

豆干是大众化零食，可选择不加防腐剂、真空包装的品种。

干燥加工的调味小鱼干属于海味零食与配菜，标榜自然健康。

香瓜子：以西瓜子为主体，添加物包括盐、味精、甘草、糖精、环己基氨基磺酸钠、代糖、茴香。

豌豆酥：以豌豆为主体，添加物包括面粉、玉米淀粉、盐、糖、味精、精制棕榈油、蒜粉、辣椒粉、乳化剂、碳酸氢钠（膨松剂）。

南瓜子：以南瓜种子为主体，添加物包括盐及味精。

开放式散装零售零食

一般零食类产品除了袋装零售外，还有部分是以称重计价的未包装食品，品种林林总总，几乎市面上袋装食品有的，开放式零食店里也都有散装零卖的。总体说来，选购未包装食品时，除了成分外，还要注意的两大关键就是卫生及保质期的问题。

因为没有包装标示，消费者不但无法得知食品的内容物成分，也不可能确认其制造日期与保存期限，再加上开放式售架的陈列保存方式，让食物受外在环境污染的几率也增加不少。如果消费者取用的方式又是以勺子舀取，那么勺柄在多人多次拿取、丢入的过程当中，也等于让食物增加了多次受污染的机会。

以称重计价的开放式零食虽然选购多元化，但是有卫生与保质期的问题。

因此消费者在选购散装零食时，一定要多花一些时间检视食物本身有无发霉、腐败或出现异味，如果色泽太过鲜艳，也可能是色素添加太多，要特别注意。

〔注意色素标示〕

在食用零食点心时，要特别注意外包装袋上的色素，不要让这些非食用色素污染了食物。

另外，豆干类加工品常发现有超量使用防腐剂，或是非法使用碱性嫩黄、红色2号色素及吊白块的情形，这些都是具有极高毒性且证实对人体有害的添加物，不可忽视。

罐装饮料和消暑冰品

一到夏天，商店中的各类饮料销售量也随着气温一路飙高，无论是强调营养成分的鲜奶、鲜果汁、能量饮料，或是清凉止渴、口味多变的茶饮、汽水，加糖的、无糖的或者使用代糖的，都各有其独特的号召力。

只要夏天一到，各种饮料也纷纷展开市场攻防战。

若以中医的观念来看，冰品饮料对人体具有相当大的冲击性，当然不适合多食；但若就其成分来看，饮料中的糖分，以及冰品中添加的油脂和可能含有的污染物，才是对人体健康最大的威胁。

发酵的乳酸饮料

国内市面上最早出现、最普及的乳酸饮料，应该是由日本引进的养乐多饮品。现在乳酸饮料市场上几乎每隔一阵子就有新品上市，有的标榜欧式风味，有的打出健康诉求。虽然这类饮品所含有的酵母及益生菌，对一般人来说都是有益的，但是检验结果也发现，这些饮品其实都有一个共同的潜在危机——就是糖分太高。

一般酸乳是以脱脂奶粉为主原料，再添加乳酸杆菌发酵，如果奶粉中有抗生素的残留，就无法让乳酸发酵。以这个观点来看，乳酸饮料实在是个不错的饮品选择，但因为市场的竞争，为了让乳酸饮品的风味更佳，一项项的香料、糖分及果胶等，就成为乳酸饮料中的添加成分。

常见乳酸饮料

酸乳：主体为乳酸杆菌及低脂乳粉，添加物包括果胶、寡糖、乳化剂、砂糖、色素、香料、果糖、酸味料。

乳酸饮料：主体为乳酸杆菌及脱脂奶粉，添加物包括砂糖、果糖、柠檬酸。

乳酸布丁：主体为乳酸杆菌及脱脂奶粉，添加物包括砂糖、海藻抽出物、合成香料、色素、柠檬酸。

流行的茶类和碳酸饮品

国内市场上的茶类冰饮林林总总，绿茶、红茶、乌龙茶、花草茶及加味茶，应有尽有，选择性之多可谓世界之冠。尽管各项茶饮的名目不同，添加物成分却大同小异，都脱离不了果糖、酸味料及维生素C（抗氧化剂）。同样道理，过多的糖分添加，容易让肠胃消化不良，也会将原本茶叶中有益人体的部分（例如茶多酚）给掩盖过去，使茶饮料从保健饮料的行列跌落到不宜多饮用的食品之列。碳酸饮料在国内外市场都占有相当大的比重，即使相关负面报道不断出现，但其销售量依然很好，真是让人不禁要惊叹食品添加剂的魅力。

喝下肚让人刺激得冒泡的碳酸饮料虽风行已久，仍占据饮料市场重要席地。

常见流行饮料

梅子绿茶：主体为梅子及绿茶，添加物包括果糖、山梨酸、柠檬酸、氯化钠、天然香料。

奶茶：主体为红茶萃取物，添加物包括即溶乳粉、乳精、糊精、砂糖、天然香料。

可乐及汽水：碳酸水为主，添加糖

瓶装饮料林林总总，尽管品种不同，添加物成分皆大同小异。

浆、柠檬酸、磷酸、色素、香料。

运动饮料：添加物包括果糖、寡糖、葡萄糖、柠檬酸、氯化钠、氯化钾、氯化镁、乳酸钙、安赛蜜（代糖）。

新鲜果汁压榨要点

在果汁饮品的部分，除了糖分添加的问题之外，还有一点要提醒读者，就是水果的外皮通常含有相当剂量的农药，甚至有的还有上蜡或者是喷洒防腐剂，所以在食用前一定要将水果彻底地清洗干净，再将外表水分擦去，即使是要去皮的水果也是一样。如果是要榨汁用的水果，更要注意到这一点。至于市面上所售卖的罐装果汁饮品则多是利用浓缩果汁调和或是人工合成的饮料。

浓缩果汁：以柳橙原汁1:9加水调和，添加物包括砂糖、苹果酸、柠檬酸、人工合成柳橙香精、海藻酸钠、胶质、维生素C、二氧化硫（还原剂）、胡萝卜色素、苯甲酸钠（防腐剂）。

由上述果汁的成分可以看出，

颜色过于鲜艳的果汁也有可能是人工合成饮料。

即便是打着新鲜果汁的旗号，仍然有相当分量的化学添加物存在，消费者在饮用前一定要仔细阅读其成分标示，不要为了补充维生素C，而将一堆废物及化学成分都喝进肚子中。

沁凉透心的各式冰品

每年一到夏天，卫生部门或是消费者协会都会针对市面上的冰品展开抽样调查，一定也会发现许多

在炎热的夏天，一碗冰凉的刨冰让人无法抗拒。

含有过多杆菌及弧菌的冰品。一般人认为可能是市场小摊的冰品比较容易出问题，但是根据每年的公告结果来看，其实有品牌包装的冰品也可能出问题，这一部分一定要特别提醒读者，多多注意每年的抽样报告。

关于食品添加物，冰品的状况与饮料大同小异，饮料中有的添加物，冰品中几乎都有，而且还多出许多黏稠剂与稳定剂之类的成分添加。

You need to know

水果外皮打蜡：吃后会产生长链脂肪，使血管壁增厚。

ClO_2：将水果洗涤浸泡后，若水的pH偏酸性，代表可能农药过重，危险。

市售常见冰品

芒果酸乳雪糕：主体为脱脂乳乳酸发酵，添加物包括麦芽糖、寡糖、己六醇（甜味料）、糊精、氢化油、单脂肪酸甘油酯（乳化剂）、芒果及芒果汁、黄色5号、红色40号色素、阿斯巴甜、白明胶（稳定剂）。

麻薯冰淇淋：外皮由糯米加单脂肪酸甘油酯及蛋白制成，冰淇淋内馅的添加物包括：麦芽糖、椰子油、马铃薯、白明胶、香料、色素、单脂肪酸甘油酯、盐。

雪糕：添加成分为椰子油或奶油、砂糖、葡萄糖、奶粉、大豆卵磷脂、椰香精、色素、豆胶、玉米糖浆（黏稠剂）及苹果酸。

果汁冰棒：添加物包括砂糖、人工合成水果香精、色素、柠檬酸、苯甲酸钠。

冰品一年四季皆受欢迎，不过几乎所有冰品中都含有添加物。

喝咖啡、酒、醋的新知识

咖啡你喝对了吗？

喝咖啡的最佳时间就是早餐后。咖啡因的含量多少与萃取方式有关，包含：

1.加多少水冲煮。

2.咖啡豆的种类。

3.研磨颗粒的粗细。

4.冲煮方法。

5.浸泡时间。

6.温度高低，特别是与咖啡豆种类有关。

有关咖啡因

1.平均咖啡因占咖啡豆重1%～1.2%，一杯150毫升的咖啡含75毫克咖啡因。

2.三合一咖啡并不好，最好一天咖啡因摄取量不超过300毫克（2～3杯）。

3.萃取咖啡时，容器选用冰滴咖啡方式，咖啡因含量最少。

4.美式咖啡的咖啡因含量最高，一杯230毫升的咖啡内含咖啡因200毫克，法式咖啡含量也高。若以手冲滴滤式煮咖啡，则咖啡因溶出量较低。

5.咖啡豆中含有的绿原酸（奎宁酸）抗氧化，可保护糖尿病患者，但要咖啡因含量低。咖啡豆的油脂，含有双萜类化合物咖啡醇（Cafestol）和咖啡白醇（Kahweol），会使血液中的二酸甘油酯和胆固醇浓度升高，不利健康。

喝咖啡重要注意事项

1.12岁以下不可喝。

2.20～50岁女性喝咖啡与钙流失、骨折发生率无关，反而会造成停经、雌激素减少。反过来，骨质迅速流失会影响骨质密度，可喝拿铁加鲜奶补充钙质。

3.喝咖啡量不多时，利大于弊，如❶血管减少发炎25%，❷预防失智症，❸保护肝脏，❹降低患癌风险，如乳腺癌、皮肤癌、大肠癌。

4.咖啡豆磨细一点，最好磨后立刻冲，香味、抗氧化性才不会跑掉。如果喝了咖啡后胃感灼热、胃痛，那是因为咖啡因引起胃酸大量分泌，及刺激食道逆流，但深焙豆不伤胃。

5.滤泡式冲煮法可避免血脂升高，即用滤纸滤过再喝。

6.喝中焙咖啡：咖啡豆烘焙10分钟左右，去除自由基能力最强，咖啡豆变褐咖啡色。少喝廉价或三合一咖啡（咖啡精、不良豆），切记喝前先闻，一定不能有油脂哈喇味。

7.不好的咖啡含有毒素，炒豆前要挑出。如何分辨劣质咖啡豆：❶黑豆；❷酸豆，变黄褐、红褐色；❸储藏时遭真菌孢子污染，有霉味；❹虫蛀豆，有腐臭霉味；❺未成熟豆，喝了会恶心、反胃。

新鲜豆研磨的咖啡若喝得正确、适量，对身体而言利大于弊。

〔造成喝酒脸红、心跳、恶心、头痛的原因〕

由下列主要因素造成：

喝酒（乙醇）→ 进入人体，会产生乙醇脱氢酶→快速产生大量乙醛

↓

经过O_2氧化，产生乙醛，在血液中累积过量

↓

经乙醛脱氢酶氧化或代谢 → 代谢为乙酸排出

上述2种酶随基因不同而活性不同，但脸红并不代表肝好。

〔喝天然酿造醋的好处〕

利用压榨高粱酒的酒粕加水或稻壳可酿造天然醋。天然酿造醋，其内含许多有益人体的酶，可使身体酸碱平衡，促进体内新陈代谢，排出体内毒素。

天然手作和科技食品相对论

早期加工食品尚未以机械量产时，食品加工多是依赖师傅的巧手运作，取材也多为天然食材。虽然加工后的成品式样不多，但因为程序简单，也多能保留天然食材的香味和特色。反观现代化大工厂量产的加工食品，虽然卫生条件较优，也有严格的品管，做出来的加工品外表与口味同样诱人，但是林林总总的化学食品添加物，却成为现代人健康的隐忧。

手工豆腐与自动化嫩豆腐

传统板豆腐的制作，需要经过磨豆、熬煮的程序，再加入凝固剂使其由液态（豆浆）变为固态（豆腐），所使用的凝固剂多是制作精盐后剩留的盐卤（又名苦汁），内含氯化钙及氯化镁。此法制成的豆腐组织较粗，质地较硬，适合作为下游加工之用，像是做成豆卤、豆干等，按不同的需要做不同程序的脱水压制。

现代化全自动量产的嫩豆腐，由洗豆、浸豆、磨豆到煮沸和冷却，程序及温度都由电脑控制，所使用的凝固剂则为葡萄酸糖-δ-内酯（Glucono Delta Lactone，G.D.L.），添加搅拌均匀后，自动定量充填到盒内，再经封口、加热杀菌。此种嫩豆腐组织细密、多水，且质地柔软，但缺少黄豆的香味，且入口时有酸酸的感觉。

〔板豆腐〕

常用两种凝固剂：
❶石膏（$CaSO_4$）； ❷盐卤。
两者都含有Ca和酸补充，而嫩豆腐是用G.D.L.作凝固剂，具乳酸作用，没有Ca的补充。

米花糕与精制米果

虽然现在比较少见到米花糕的车子出现在街头巷尾，不过市面上仍有许多不同口味的米花糕可供选购。传统的米花糕是将糯米、浓缩糖丝（糖胶＋麦芽饴糖＋砂糖熬制）与花生米等配料放入机械中，混拌加热后，再入模压切成块，冷却后即成甜甜脆脆的米花糕。制作程序简单，添加物也只有糖丝。

自从由日本引进了米果，其香脆的口感迷住了大人小孩，也改变了国内休闲食品的市场。目前市面上的米果不仅包装精美，还有多种口味可供选择。

究竟现代化米果是在什么样的加工科技下，变化出如此诱人的滋味？除了同样以精米为主材料，米果的添加物还包括糖、盐、马铃薯粉、酱油、香料、色素、牛乳、蛋黄等，又经过植物油油炸。然而这些“美味”的添加剂在入口后，却成了身体代谢的一大负担。

在消费市场的转型压力下，传统米花糕为适应新时代需求，打出以糙米、薏仁、芝麻等天然有机食品为主材料的保健米花糕，给消费者多一个健康零食的选择。

老少皆宜的米制品零食也不断变化出各种滋味与口感。

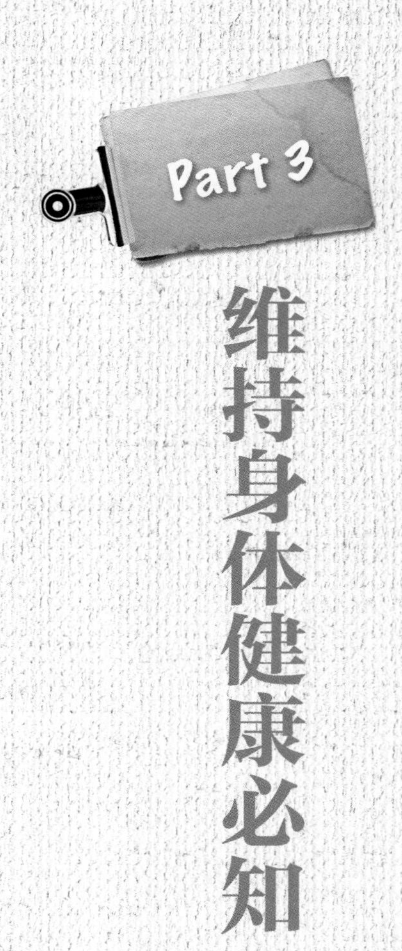

Part 3 维持身体健康必知

专家常说，吃对了才有健康！但是怎样才算吃得对？首先要了解身体所需、有何变化，再了解每种食物的营养成分，如何搭配、该怎么吃，这些也都是日常生活的必搜重点，最好能转成概念性常识。唯有知己知彼，健康才能紧紧跟随。

掌握生命能量五大营养

不良的饮食习惯，会让人在不知不觉中吸收进很多的食品添加物，即使热量满足每天的消耗，但是却无法提供养分让身体功能正常运作，渐渐地，人体的器官功能得不到良好的照顾，病症也开始一一出现。

营养摄取与饮食习惯有一个平衡点，当你懂得倾听身体的声音，了解身体的需求，也知道食物真正能提供给你的究竟是什么营养与作用，你就能够掌握健康的关键。

在饮食上，除了可以由食物中均衡摄取特别营养素，还能借由生吃、热烫、热炒、油炸、红烧、煮汤等各种烹饪技巧，来增加食物美味。人体自己不能生产制造的营养维生素及矿物质，可以借用一些特别的生化技能在不破坏天然营养素的情况下，加工生产或萃取出来。因为这两种营养对人体而言可以说是非常重要的元素，并拥有独特作用。

营养1 | 维生素

在1920年，波兰生物化学家发现食物中含有某些身体所需的物质，也就是现在所称的“维生素”，更重要的是这些维生素在人体内可以发挥极大效应，而且各有其特性作用。如果我们身体内缺少了某几种维生素，就可能产生某种病症。此时，外在物质的补充，就是一门很大的学问。

虽然维生素有助于维持身体功能、活化人体细胞，并帮助糖类、脂肪及蛋白质新陈代谢和消化吸收，进而提升工作精神、增强抵抗力，并促进生长；但是如果吃多了脂溶性的维生素，反而会增加身体负担，得到反效果，如会得维生素中毒症。

基本上，维生素可分为两大类，一类是可以在水中溶解的维生素，吃多了会自然排出体外，不会囤积在体内；而另一类脂溶性维生素则不同，过量摄取对人体可能造成某种程度的伤害。

水溶性维生素

※水溶性维生素：一共有8种维生素B（一般称B族维生素）及维生素C。除维生素B_{12}外，其他都不能储存在体内。

❶维生素B_1：可促进胃肠蠕动及消化液的分泌，促进生长，是能量代谢的重要辅酶。

食物摄取：胚芽米、麦芽、米糠、肝、瘦肉、酵母、豆类、蛋黄、鱼卵、蔬菜等。

❷维生素B_2：具辅助细胞氧化还原的作用，可防治眼血管充血及嘴角裂痛。

食物摄取：酵母、内脏类、牛乳、蛋类、花生、豆类、绿叶菜、瘦肉等。

❸维生素B_6：为一种辅酶，帮助氨基酸合成与分解。

食物摄取：肉类、鱼类、蔬菜类、酵母、麦芽、肝、肾、糙米、蛋、牛乳、豆类、花生等。

❹维生素B_{12}：可促进核酸合成，对于糖类和脂肪代谢有重要的作用。

食物摄取：肝、肾、瘦肉、乳、乳酪、蛋等。

❺维生素B_3：又称烟酸，是皮肤的健康关键之一，也有益于神经系统。

绿叶蔬菜富含维生素B_1、维生素B_2、维生素B_6、烟酸、叶酸等，皆对身体有益。

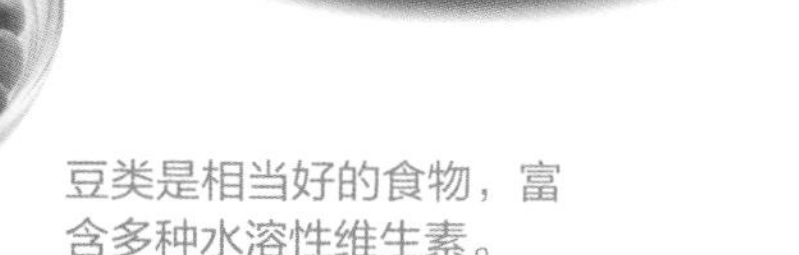

豆类是相当好的食物，富含多种水溶性维生素。

食物摄取：肝、酵母、糙米、全谷制品、瘦肉、蛋、鱼类、干豆类、绿叶蔬菜、牛乳等。

❻维生素B_9：又称叶酸，可促成核酸及核蛋白合成，有助血液形成。

食物摄取：绿色新鲜蔬菜，以及肝、肾、瘦肉等。

❼维生素C：是细胞间质的主要构成物质，可使细胞间保持良好状况，增加身体的抵抗力，并加速伤口的愈合。

食物摄取：深绿及黄红色蔬菜、水果（如青椒、番石榴、柑橘类、番茄、柠檬等）。

水溶性维生素

类 别	别名	成人每日需求量	缺少或过量时症状
维生素B_1	硫胺素（Thiamin）	1～2毫克	**缺少：**不想吃饭、精神不振，肢体肿且麻木，无力感；脚气病是代表病症
维生素B_2	核黄素（Riboflavin）	17毫克	**缺少：**嘴唇破裂、眼睛充血、皮肤炎、贫血
维生素B_3	烟酸	20毫克	**缺少：**疲劳、抑郁 **过量：**皮肤潮红，严重损害肝脏
维生素B_9	叶酸（Folic Acid）	至少400毫克	**缺少：**造成胎儿畸形及贫血
维生素B_6	吡哆素（Pyridoxine）	5毫克	**缺少：**因可以在肠道中合成，一般比较少见缺乏，如不足则情绪较不稳定 **过量：**损害神经，引起身体无力及少许麻木
维生素H	生物素（D-Biotin）		**缺少：**一般很少会缺乏，除了有特别疾病的患者，长期靠静脉注射，才会缺少
维生素B_5	泛酸（Pantothenic Acid）	至少10毫克	**缺少：**脚趾麻木、刺痛
维生素B_{12}	钴胺素	5微克	**缺少：**疲劳、损害神经系统

脂溶性维生素

※脂溶性维生素：只溶解在脂肪中，在水中不溶解，包括维生素A、维生素D、维生素E、维生素K，共4种。

❶维生素A：可保护皮肤表面黏膜不易受细菌侵害，并促进牙齿及骨骼的正常生长，使眼睛适应光线的变化。

食物摄取：肝、蛋黄、牛乳、牛油、奶油、黄绿色蔬菜和水果（如清江白菜、胡萝卜、菠菜、番茄、黄（红）心甘薯、木瓜、芒果等）及鱼肝油。

❷维生素D：可以协助钙、磷的吸收与运用，促进骨骼和牙齿的正常发育，为神经、肌肉正常生理所需。

食物摄取：鱼肝油、蛋黄、牛油、

谷类、坚果类是人体摄取多种维生素的基本食物之一。

鱼类、肝、添加维生素D的鲜乳等。

❸维生素E：可减少维生素A及多不饱和脂肪酸的氧化，控制细胞氧化。

食物摄取：谷类、米糠油、小麦胚芽油、棉籽油、绿叶蔬菜、蛋黄、坚果类。

❹维生素K：是构成凝血酶原所必需的一种物质，可促进血液在伤口凝固，以免血流不止。

食物摄取：绿叶蔬菜，如菠菜、莴苣（动物产品如蛋黄、肝脏也含有少量）。

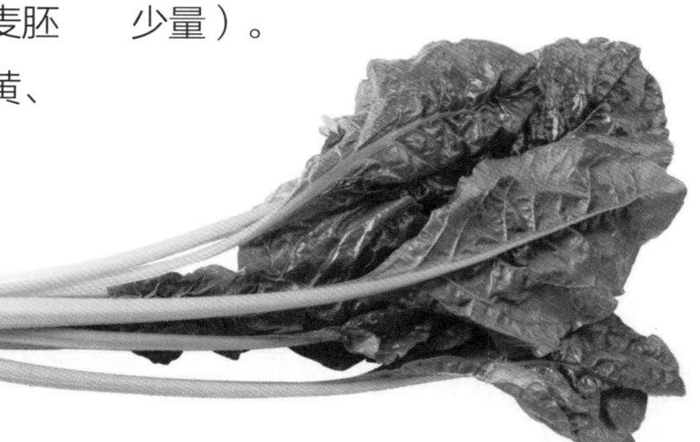

黄绿色蔬菜含有维生素A、B族维生素、维生素K等营养，有益身体健康。

脂溶性维生素

类别	成人每日需求量	缺少或过量时症状
维生素A	800微克	**缺少：**夜间视力差，呼吸道易受感染 **过量：**疲倦想睡，少许缺乏会脱发、头痛、呕吐、皮肤发黄
维生素E	400毫克	**缺少：**损害神经 **过量：**不会在体中中毒，但可连带引起维生素K不足
维生素K	100微克	**缺少：**影响血液凝结（少见不足）
维生素D		**缺少：**软骨病、易骨折 **过量：**损害肾脏（血液中钙过多时引起钙沉积）

营养2 | 矿物质

矿物质可以帮助肌肉及神经运作，有利于骨骼与牙齿的形成，也有抗氧化、防癌以及增强免疫系统的功能。

一般所称“矿物质”，包含无机化学元素：钙、钾、钠、镁、铝、铁、磷、铬、铜、碘、锰、

坚果中蕴藏丰富的营养与植物纤维，但因热量颇高，要注意摄取量。

硒、硫、锌、氯化物、氟化物以及其他一些微量元素，人体需要的量非常少。它不会提供热量，也不能在体内自行合成，只得由各种食物中摄取。

摄食不平衡会造成肥胖与营养上的失调。其中有6种矿物质需求量比较大，其余的需求量则很少。

这6种是：钙、磷、镁、钾、氯、钠，另外还有必需微量元素铁、铜、氟、碘、硒、锌、锰、铬、钴、钼等。

❶钙：是构成骨骼和牙齿的主要成分，可调节心跳及肌肉的收缩，使酶活化。

食物摄取：奶类、鱼类（连骨进食）、蛋类、深绿色蔬菜、豆类及豆类制品。

※缺少时，肌肉无力、血液凝结、影响神经传导。

❷磷：是构成骨骼以及牙齿的要素，可促进脂肪与糖类的新陈代谢，也是组织细胞中核蛋白的主要物质。

食物摄取：家禽类、鱼类、肉类、全谷类、干果、牛乳、荚豆等。所有食物中，多少均含有。很少出现缺少的状况。

❸镁：是构成骨骼的主要成分，可调节生理功能，并为组成几种肌肉酶的成分。

食物摄取：五谷类、坚果类、瘦肉、奶类、豆荚、绿叶蔬菜。

※缺少时，会造成心律不正常，影响神经传导。

❹钾：为细胞内、外液的重要阳离子，可维持体内水分的平衡及体液的渗透压。

食物摄取：瘦肉、内脏和五谷类。

※缺少时，同镁之症状，且会口干、内分泌失衡。

❺氯化物：可维持体液酸碱平衡，如胃酸过多，可用少量盐水去平衡。缺乏情况很少见。

食物摄取：乳类、蛋类、肉类。

❻钠：保持pH不变，使动物体内的血液、乳液及内分泌液等的pH保持正常。

食物摄取：乳类、蛋类、肉类。

※缺少时，同钾之症状。过多则增高血压。

❼氟化物：构成骨骼和牙齿的一种重要成分。

食物摄取：海产类、骨质食物、菠菜。

※缺少时，可能造成龋齿。过多则会出现齿斑。

❽碘：甲状腺球蛋白的主要成分，用于调节新陈代谢。

食物摄取：海产类、肉类、蛋、乳类、五谷类、绿叶蔬菜。

※缺少时，甲状腺肿大。过多则会导致甲状腺功能亢进。（注意：若这些矿物质摄取过量，对人体会产生危险）

从以上维生素及矿物质缺乏对人体所造成的影响可知，如果营养摄取平衡，食品添加物对人体所造成的新陈代谢负担就可有效降低。

在最近医学研究中更发现，锌、硒、铜、锰、铬及微量元素有增强人体抗癌、抗氧化及增强免疫系统的功能。

You need to know

德国卫生相关机构研究发现，人体内的锌含量过低，会使人容易疲倦、感冒，并出现器官功能退化、脱发、皮肤问题，甚至影响免疫系统。

营养3 | 碳水化合物

总称为糖类，如砂糖、麦芽糖、果糖、葡萄糖、淀粉、肝糖及纤维素均是这一类，是热量重要供应来源。纤维素不能被分解吸收，虽然不能称为“营养素”，但对人体的消化运作却有极大帮助；淀粉及肝糖可被消化吸收，若摄取过多，在体内剩余会转变成脂肪。为了健康与身材，脂肪原本就要少吃，而葡萄糖、肝糖与肌糖，可互相转换，有利于体内脂肪的代谢，因此碳水化合物对于身体是绝对需要的。

碳水化合物的食物摄取来源为：米饭、面条、馒头、玉米、马铃薯、甘薯、芋头、甘蔗、蜂蜜、果酱。

玉米属于碳水化合物类食物，可以单独食用也可搭配其他蔬菜料理。

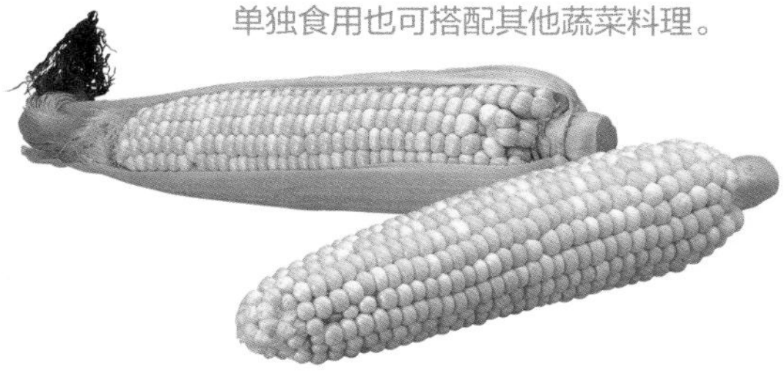

〔纤维的作用〕

纤维虽不能被吸收，可是能有助于肠道蠕动，预防结肠癌。

碳水化合物的主要作用为转化成肝糖、肌糖作为储存准备的原料。营养专家建议，健康的饮食应以谷类食品为主食，因为这些可以供给身体所需的热量，并调节生理功能。

营养4 | 蛋白质

我们的头发、皮肤、指甲、肌肉、器官、细胞、神经、骨骼、大脑组织、血液、酶、抗体、内分泌素，以及决定遗传因子的脱氧核糖核酸（DNA）与核糖核酸（RNA）都是由蛋白质组成的。

而蛋白质是一个很大的分子，不容易分开，是由22种氨基酸（小分子）组成。其中，有8种氨基酸是必需氨基酸，即人体组织自己不能制造，一定要经由外界各种不同的食物去摄取。食物中补充的蛋白质不仅可供给人体热量，还能调节生理各项功能。能够同时供应我们身体蛋白质内所有22种氨基酸者，称为“完全食物”。生鲜牛乳、肉类、鱼类、蛋、乳酪，皆属“完全食物”。由大豆萃取的豆浆、豆腐及谷类，尚属“不完全食物”。

我们选择的美味食物，经过我们的牙齿，切成碎屑，在胃中经胃液分解成小分子氨基酸，被肠胃吸收而进入血液中。如果我们吃了过多的蛋白质，在各组织间多余的氨基酸会转化成身体的脂肪，这步由肝与肾来完成，若是长期过量摄取蛋白质，会阻碍人体中钙的吸收。

人体需要蛋白质提供热量、调节身体功能，并供应身体所需的22种氨基酸。

想要身体健康，多食蔬果及保持均衡的饮食习惯才是长久之计。

〔身体无法制造的8种必需氨基酸〕

在人类肠道中，消化酶将蛋白质分解成的最小单位就是氨基酸，然后经过肠壁吸收，重新合成人体需要的蛋白质，但有8种氨基酸无法在体内合成，必须由外界供给，这些统称为必需氨基酸。它们很重要，缺一不可。在每天吸收的营养中，这8种必需氨基酸如下。

1.赖氨酸Lysine

2.甲硫氨酸Methionine

3.色氨酸Tryptophan

4.缬氨酸Valine

5.苏氨酸Threonine

6.亮氨酸Leucine

7.异亮氨酸Isoleucine

8.苯丙氨酸Phenylalanine

这些都存在于动物性优良蛋白质中，但植物蛋白质也含有许多必需氨基酸，像是谷物、杂粮、豆类、蔬菜、蘑菇类、水果、海藻等，其中海带是氨基酸的宝库，含有37%的蛋白质。

日常饮食中的蛋白质含量表

1碗白饭	6克
1片吐司	2克
1个蛋	6克
100克牛肉饼	28克
100克烤鸡胸肉	34克
100克鳕鱼	30克
1盒豆腐	18克
1杯低脂牛乳	9克

营养5 | 脂肪

脂肪是生命中集聚度最高的能量形态，再次就是蛋白质。过度摄取脂肪，除了可能增肥外，其副作用包括高血脂、高血压、免疫力降低、癌症、胆结石等疾病罹患率会提高。因为脂肪在体内很容易转变成“游离基”，这是一种反应复合物，会破坏体内细胞，导致心脏疾病及上述症状。

脂肪之所以为体内营养的必需要素，与胆固醇息息相关。但不是不吃脂肪体内就没有胆固醇。胆固醇可分好坏两种，好的胆固醇，是体内不可缺少的，因其为每个细胞所必需的元素，更是构成体内激素

牡蛎、文蛤等贝肉中含有丰富的锌，属于抗氧化的食物。

的原料，好的胆固醇多，可使生殖功能正常；坏的胆固醇多，则高血压、心脏病等发生几率提高。

人体所需胆固醇80%是由肝脏制造的，再由饮食中补充剩下的20%，如果我们由饮食中吃进含有胆固醇的食物，肝脏则减少生产。人体多余的胆固醇会因血液循环作用在身体移动。血液中有两种脂蛋白，一种为低密度脂蛋白（LDL），是坏分子，它会将胆固醇带入血液中；另一种为高密度脂

蛋白（HDL），会将体内胆固醇排出体外。如果血液中低密度脂蛋白多，危险性增高，可能阻塞心脏血管，引发心脏疾病，也可能阻塞脑血管，造成中风。但是当一个人血压刚开始升高的时候，会造成动脉壁上有些伤痕，低密度脂蛋白此时则肩负着修补的任务。

实际上，胆固醇对人体并不是绝对负面的，真正的祸害，应该是摄入了氧化脂肪。它进入人体的途径有两种：一种是通过我们平常的饮食；另一种是身体内的脂肪与氧产生化学反应生成。

氧化脂肪的饮食来源：

1.在不饱和油品中炸过，而含有酸败脂肪的食物。

2.原本已含有胆固醇，且又经油炸的食品。

对于体内与氧作用的脂肪，有两种对应之道。

一个是靠我们日常饮食补充含抗氧化成分的养分，例如：

维生素E：麦芽、坚果、种子（黑芝麻）。

β-胡萝卜素：甘薯、木瓜、深黄色及深绿色蔬菜。

维生素A：蛋黄、动物肝脏。

维生素C：水果（如草莓）、西兰花。

微量元素硒：海鲜、肉、核桃。

锌：牡蛎、海鲜、内脏。

另一个关键则是减少脂肪摄取，减少食用油炸食品，降低体内胆固醇的比例。（有关健康油脂的选择，可参考Part1“‘油’不得你的健康杀手”单元中的分析说明）

肉类含人体所需维生素、矿物质、蛋白质及微量元素硒等，记得搭配蔬果食用，营养才能均衡。

天然食物蕴藏优质能量

由于现代文明病不断增多，医学界与部分民众已察觉到食品中潜藏的危机，为了回归健康饮食，陆续出现了素食与生机新主张。

所谓“病从口入”，人们早就知道日常饮食与身体健康息息相关，但因为目前市面上食品加工添加剂使用情形泛滥，以致让人无法选择。从上一个篇章中，我们对食品添加物已有粗略的认识，接下来要了解的重点，就是如何以天然食材取代化学添加物。

中外天然香料风味大不同

单品种的天然香料食材，经过干燥处理，研磨时又有冷却器（－5℃极低温）辅助，在这双重管控下，不添加任何添加物，从研磨粉碎到装瓶销售，一贯如此，比较安全。如西方料理中常会添加的香辛料，包括丁香、罗勒（Basil）、牛至（Origanum，又称奥勒冈）、迷迭香（Rosemary）、百里香（Thyme）、胡椒（Pepper）及大蒜（Garlic），完全是天然植物干燥切碎制成的，无论是用来提味、调味或去腥，效果都很好。

中式的香料食材，为了要呈现更好的口味，常会混合调用，或是将天然香料食材加工处理，如此一来，虽然达到了香料提鲜美味的作用，但也将原本天然健康的优点给抹杀了。

从以下中西式香料的成分分析中，消费者可以更加了解各种天然香料的应用，对于自己平常所吃下的食物料理，也会多一层认识。

大蒜、姜、姜黄等是中西方料理中常见的香料。

西式料理中常以各种植物
香料来调味，如迷迭香、
罗勒、香草、月桂叶等。

中外香料大评比

黑胡椒盐

精细加工食品：盐。

食品化学调味料：味精。

香料：黑胡椒。

中式卤香包

香料：八角、花椒、胡椒、丁香。

油葱酥：在福建、台湾等地，面食、汤类、肉燥、粽子、水饺、包子等食品加工中，常会添加用以提升美味、香气的材料。

主体及制作：新鲜红葱头→脱去发霉、污染的老葱皮→清洗干净→离心去水→机械切片→不要日晒，采用风干或直接低温烘干80℃→（120～140℃）油炸到金黄。

添加料：盐、猪油或精制色拉油、酱油。

食品加工教父的亲身体验

一般面摊为了招揽客人，大多数采用猪油油炸的红葱头，于拌面、包水饺包及肉臊上，用的量很大。我曾到一观光胜地购买油葱酥，但是却看到七八个妇女在处理的小葱头均是发霉的，本来已买了一瓶，后来只好退回。所以准备油葱酥时，还是以自己处理油炸的最安全。

大蒜面包酱

主体：大蒜。

添加物：油脂（芥花油）、盐、醋。

香料：香草及人工合成蒜味。

咖喱粉：组合成分有9～40余种，因各国民族的习惯而异。

一般常用原料：辣椒、姜黄、小茴香子、芫荽籽、甘椒、芹菜籽、丁香、葫芦巴、小豆蔻、茴香子、肉桂等。

特色：比例可按价格及口味需求而调整。

中式五香粉

原料：八角、肉桂、陈皮、丁香及花椒。

特色：比例可按价格及口味需求而调整。

欧式泡菜腌渍料

原料：胡椒、芥末、红辣椒、丁香、肉桂、生姜、小豆蔻等混合。

不管是东方还是西方料理，香料都是让食物美味的关键。

八角、咖喱粉、胡椒、红辣椒等是东方料理常用到的香料。

胡萝卜含β-胡萝卜素，是脂溶性维生素A的前身，为抗氧化蔬菜之一。

陆地植物天然香料

洋葱：球根有刺激性的香味和辣味，也可作为简单的调味香料（油爆炒，很香）。

大蒜：是极佳的调味料。许多医学报道中也指出，多食大蒜对人体有相当的疗效。

胡萝卜：含天然β-胡萝卜素，是维生素A的前身，可为烹调调色，增加美观性。

蔗糖：在古代，人们将种植的甜菜或盛产的蔬菜挤压成汁，经浓缩后，成为基本的甜菜糖，后来蔗糖的出现，在甜味、香味、色度上都有更诱人的表现，而且可以耐贮存。但是现在的砂糖及漂白的精制结晶糖，却称不上是天然食品了，因为一连串的加工过程，已经改变了甘蔗的本质。

姜黄：天然的姜黄色素在咖喱香料中占了很重要的地位，不但颜色美，而且还有疗效，对过敏鼻炎有辅助治疗的效果。又名“郁金”，也可做染料。

小茴香、胡荽及丁香：为咖喱香料用的天然香料群，也是作为五香及酱油瓜子加工用香料，用途广泛。本身也有天然防腐作用。

红艳艳的辣椒即使晒干了仍可以保持鲜艳色泽。

八角、芥末及白、黑胡椒：料理中常用的调味选择。

椰子：椰乳及椰粉均可作天然食品添加物的食材，用途广，泰国菜、甜点中用量大。

辣椒：所有小辣椒品种，晒干了都有美丽的色泽，磨成粉即成天然食品添加物。这种具有香辣口感的食材，不但色美、能增加香味，还可去腥臭，高温炒煮下，也不会变色。

番红花：原产地为西班牙。现在市面上也买得到伊朗出产的番红花粉，品质良好，且香味迷人。也是红色天然色素的一种。含维生素B_2与核黄素，可助消化。易溶于水，可将食物调制成鲜艳的黄色，法国菜中用得相当多，但价格不低。

番茄：是蔬菜也是水果。因其果肉很多，而且要选专门可做番茄酱品种的小粒椭圆番茄，经烫熟、脱皮、去籽，加入其他配料，浓缩共煮成番茄酱。

木瓜：未成熟的木瓜内有一种木瓜酶（Papain），白色胶状乳液，可用于软化老牛肉纤维，效果很好，不可加热，鲜拌就可达此效果，分解纤维温度超过65℃失效。

豆蔻：具有甜香刺激味，稍有微苦，是可作提香之用的天然食品添加物，在西点中常使用。

苹果酸：天然水果中均含有此DL-苹果酸，稍具刺激性，是高级酸味。苹果中含量高达93%、香蕉中含75%、葡萄中含50.4%、草莓中含11.3%。

桂皮（又称肉桂）：含桂皮醛（桂皮香料）。苹果派中添加桂皮与苹果共煮；糖果、饮料及欧式料理中也常见；在煎羊排中加入，可去腥臭味、增添香味。

香茅：生长在热带山坡地（台湾屏东及恒春靠海的砂石岩岸种植很多的香茅），其香茅醇可在做菜时增加香味。泰国菜汤中用得多，与虾、辣椒共煮，香味可口美味。

瓜尔豆、酸角：豆科种胚均能产生天然黏稠剂，由种子抽出的天然胶特别适合火腿的结着，也可用在方便面及面条的制作上。果酱、果冻添加的也很多。

柠檬富含柠檬酸与维生素C，是天然的抗氧化剂与香料。

欧式料理中，肉桂叶具有去腥、提香的作用，饮料和派饼中也常见。

柠檬、柑橘：含有丰富柠檬酸，可以用来调整酸碱性，添加在沙拉和果汁中。同时，因其维生素C含量非常高，可作抗氧化剂，防止苹果等食物氧化成褐色，也是食品的天然香料。

葡萄及葡萄籽：葡萄中含有一种多酚类物质，此多酚类物质内原含有花青素原成分，可作为抗氧化剂用，在防止血中低密度脂蛋白氧化的功能上，比维生素C强十多倍，也比维生素E更强。花青素主要存在于葡萄籽内，市面上有许多葡萄多酚提炼物，同样具抗氧化功效。欧洲也有以葡萄籽提炼的不饱和脂肪酸油脂，是相当优质的食用油。

芝麻：含有人体必需脂肪酸，分别是亚油酸、花生四烯酸，白芝麻含钠高，黑芝麻含丰富钙、镁。芝麻素（Sesamin）可强肝、抗癌、除胆固醇，100克中含0.5克芝麻脂素，每天摄入20克芝麻即可（高热量）。

天然海洋风味

石花菜：我们在食品店、超市、西点面包店，尤其是日本的餐厅中，常会见到一种称为羊羹的甜点，其主要成分即是海中的一种藻类——石花菜。它也可当作冷盘的食材（必须先清洗过再汆烫），冰冰凉凉，口感极佳。以其提炼成分，还可制成琼脂与做杏仁豆腐用的凝胶剂。

柴鱼、海带：日本很喜欢使用天然食材做调味料，由日本进口的复合浓缩调味料，以酱油、柴鱼及海带三者制成天然调味料，味道很好。中国本身也出产柴鱼与海带，值得以此研发新的调味品。

紫菜：是海洋中的天然植物，可以补我们身体所不能自制的碘元素。石花菜、紫菜、海带的天然黏稠液体，则可以改变冰淇淋成分的组织形态。

21世纪健康首选——黄豆

均衡的饮食摄取是现代人保健的关键。东方人以谷类为主食，在此原则下，蔬菜、蛋、豆、鱼、肉、水果、奶类及油脂也必须适量摄食，才能提供身体所需的各项营养素。

虽然国内的豆类制品潜藏着许多人工添加物问题，但事实上，天然黄豆的植物蛋白却是对人体助益极大的天然养分。近年来研究发现，黄豆中的蛋白质可降低血中胆固醇，其高含量的异黄酮（又称植物性雌激素，Isoflanones）更是对于改善女性更年期症状有明显功效。因此，黄豆也被称为21世纪健康首选。

黑色食品带动有机风潮

除了黄豆之外，前几年也曾流行黑色食品风潮。珍贵的有机黑色健康食品及其疗效如下。

黑糯米：可改善少年白发。

黑豆：净化血液。含植物雌激素，强抗氧化。

黑色食品盛行，带动起国人有机、健康的饮食风潮。

黑芝麻：健脑。

黑枣：提高生理功能。

香菇：降胆固醇。

黑木耳：防止动脉硬化。含有大量纤维、不饱和脂肪酸、蛋白质、氨基酸。

乌骨鸡：抗老化。

桂圆干：健神经。

红枣：具滋补活血作用，可预防皮肤的老化。

香菇属碱性食品，其孢子含有抗癌干扰素多糖体，并可降低胆固醇。

〔**日常饮食保康之道**〕

奉行"三多三少"原则：多吃蔬菜、多运动、多喝白开水；少油、少盐、少糖。

【保健茶】

* **成分：**红枣、黑豆、黑木耳、当归、生地黄、陈皮各11.25克。
* **作用：**改善面色苍白、蜡黄，或皮肤粗糙、经期不顺、痛经等，约三个月，可清除自由基。
* **做法：**加水煮过所有材料，大火煮滚，转小火煮20分钟。

顺应体质 吃好不如吃对

健康的关键在于营养，营养的来源则为食物。要选择有益人体健康的食物，首先得回归到大自然的机制考量，尽量减少工业化食品的摄取，以纯粹而优质的自然当季丰食为主。

能够回归于田园生活，饮用天然纯净的水，徜徉于绿色的大地，呼吸清新的空气，是现代人在忙碌压力下，最向往的生活居住环境；而身体的渴望也是一样的，希望得到纯粹而自然的滋养。

然而，在实际的生活中，我可以体会到一般人对于食物摄取的不重视。举个实际例子，我有一位亲人患了医生认为不是很严重的疾病——肝炎，测验肝功能指数起初为70～80（正常人的肝功能指数是25～30），医生抽血检查时，已测出不正常，但对方认为那只是小毛病，休息一下就会好。这位上班族在每天的忙碌下，肝脏发现有毛病也未加重视，仍像平日一般生活起居。谁知道这医生口中小小的毛病，竟让这位患者连工作站着时也不自觉地睡着了。这下可非同小可了。

患者在送医挂急诊后，才发现肝功能指数已高达1500～2000，演变成重症，打针吃药，疗效不佳。家人询问医生要吃什么食物才对肝脏有益，医生只回答：吃营养的。如何选择食物？要怎样吃？医生并未告知。后来，我只好自行翻阅专书，才了解所谓食疗的功效与重要性。

大家都希望选择自己爱吃的东西来吃，但是每个人的体质各不相同，对于营养的需求，以及代谢有害物质的能力，也有所差异。

以我自身的经历来说，在我于国外工作期间，由于当地的龙虾、海螺及蟹渔获量大，加上沙地又多，花生产量多，我早上喝牛乳、吃三明治涂牛油花生酱，中餐和晚餐也常吃海鲜。一星期下来，突然全身过敏，刚开始自己不知道注意，身上痒就洗个热水澡舒缓，虽然也每餐大量摄食水果、丝瓜，但仍逃不过进医院这一关。经外国医生诊断，身体过敏的人，对牛乳、花生、奶油、酸乳、乳酪、虾、蟹等含高蛋白的食物源，一概要暂时停止食用，再配合打针、吃药，洗浴用冷温水，不可用碱性肥皂，大量吃水果、喝水，7天后终于痊愈。

在日后的生活里，我对上述高蛋白食物，都奉行分批吃、隔开吃的原则，即使偶尔吃一次大餐，也不会过敏了。由此可知，了解食物的特性，并顺应着自己的体质摄取食物，就能享受美味和健康。

〔容易造成过敏的食物〕

炸鸡、奶油、花生、起司、土生芒果、海鲜类、草菇、口蘑、毛豆、香菜、竹笋、雪里蕻、羊肉、甘蔗、荔枝、菠萝、汽水、葱、辣椒、咖啡。

菠萝、芒果等水果属于过敏原食物，不宜多吃。

多吃来自于自然界中的营养，才是人体维持健康的不二法门。

最佳天然食物——谷类

以人体营养与热量的需求来说，最佳的饮食对策即是以五谷为主食，作为热量的主要来源，再搭配鱼、肉、乳、蔬果等，补充各种维生素、矿物质、蛋白质与脂肪。

常见谷类食材

米：世界各国都产米，也有不少人口以米食为主，尤其是东南亚一带。日本最注重米的吃法，从好吃的白米饭、寿司饭、饭团、冷冻调理饭（咖喱饭、什锦炒饭），到红豆饭、糙米饭，一应俱全。

在营养的考量下，糙米饭一度盛行，但一般家庭还是以白米饭为主。其实天然糙米不但好吸收、好消化，营养成分也比白米多。另一个选择是胚芽米，胚芽中含23.6%粗脂肪、22%蛋白质及35%的烟酸，比白面粉营养价值高。

小麦：只能做成粉状。小麦制成的各种料理及面筋，是吃素者常选用的食物，在磨粉机尚未发明前，北方乡下小地方，只是单纯将小麦用石磨辗碎、磨细，没有去胚芽，也没有去皮，就这样加水、加点盐，揉成面团，利用老面发酵，做成营养的面食品，保留了B族维生素、矿物质。随着社会的进步，磨粉机取代人工，将小麦进一步去胚芽、去麦糠，变成高、中、低三级精制面粉，失去了大部分的B族维生素，只留下大量小麦蛋白质。小麦粉精制后蛋白质含量最高在8%~16%。

荞麦：日本人是比中国人懂得营养。中国人吃凉面是用煮熟的加碱面条，再加上色拉油去拌；而日本多用荞麦来做冷面，色黑不美，但所含的蛋白质高过小麦与米，必需氨基酸含量（8种必需氨基酸）也比白米及小麦要多，而且又含丰富的B族维生素与矿物质铁、钾、镁，更含有可预防高血压及动脉硬化的维生素P（Rutin），这在其他

米、麦类是世界主要的谷类粮食，但随着工业进步，谷类精制后其营养成分却随之流失。

米、麦、玉米或豆类都是没有的。荞麦细胞膜很容易消化，制成细面条后，在沸水中煮30～40秒就可以吃了，所以在吃日式火锅时，都附有荞麦面条，烫一下就可食用。

大麦：比小麦、米营养价值都高，虽辗白，但其营养价值还是比白米高。大麦可以加工成颗粒状食品，如麦片含钙量比白米高四倍，也可加入到白米中煮食，对糖尿病、肝脏病人有抑制胆固醇上升之效，又有大量纤维，可协助整肠，如今被农业机构归类为健康食品。

小米：适合煮稀饭，营养价值高，黄色素可形成维生素A。

You need to know

人类以谷类为主食，白饭之外，其他如糙米、麦片、小米、玉米、荞麦、薏仁等，都以无农药栽培、未精制为佳，其中会发芽的糙米是有生命力的活的食物，而享用面包或意大利面食，最好选用全粒小麦粉制成的产品。

保健食品No. 1——豆类

在现代社会中，几乎没有人会直接拿整颗的黄豆来烹调，因为其组织硬、难消化，而且有豆腥味。但是拿来研磨后加工，就成了很好的保健食品。

常见的豆类食品

豆浆：以黄豆榨汁而得。黄豆既然被誉为21世纪健康首选，其营养成分自然是相当丰富，除了天然黄豆的植物蛋白对人体有极大助益外，其高含量的大豆异黄酮对更年期女性更是极佳的营养补充。

豆腐：虽含有黄豆的营养成分，但加工过程中可能使用添加物，值得消费者特别注意。

豆腐营养成分高，但要注意制造过程中可能使用添加物。

毛豆：未成熟的大豆，颜色鲜绿水嫩，炒、煮皆宜。特别是含有丰富的维生素A及维生素C、蛋白质和脂肪，是绿色蔬菜中的一级营养保健食品。带荚的毛豆，用盐水煮两三分钟，拌黑胡椒和冰放在冰箱上层，是配啤酒的好食品，又很容易消化，可帮助酒精挥发，预防酒醉，能减轻肝脏的负担，同时，毛豆所含的胆碱可以降低胆固醇的含量，预防高血压。

毛豆属于一级营养保健食品，所含胆碱可降低胆固醇、预防高血压。

绿豆：绿豆汤是夏天清火的最好食品，但绿豆吃多了有时会胀气，我也在此提供一个对肝炎症患者最好的煮绿豆汤方法。

黄豆、绿豆、红豆、黑豆等是市面最常见、最受大众喜爱的豆类。

将一斤绿豆洗干净，不要泡水。烧一大锅水，煮开后先将三四块冬瓜糖条（白色的）放入锅中水煮，接着再放入先前洗过的绿豆开始计时，大火煮沸后改中小火，使从沸面稍微能看见豆在水中略滚动（不要让绿豆在沸水中快速滚动），计时12分钟，绿豆皮绝不能煮破。煮好后，迅速将绿豆水倒入另一锅中，此绿豆水可给肝病患者当饮料，没有病的人饮用也可以清火，效果比青草茶还好。

红豆：民间食疗常用于冬天热补，且可解毒，有双重功效，尤其是中式点心，以红豆为馅的最多，芳香又甘美。只不过做糕饼的业者，怕豆沙腐坏，常会添加很多油及糖，要特别注意。

必吃功能性食物——蔬果薯类

大蒜：其主成分为蒜素（Allicin），具杀菌力。维生素B_1配合大蒜食用，有增强效果。特别注意空腹不可吃生大蒜，以免引起胃痛，而且对眼睛不好，生蒜吃过多反而有精油的“溶血作用”，破坏

柑橘的酸是柠檬酸，可代谢热量，剥开后的橘络则具有降低血压作用（左图）。
堪称水果之王的苹果含丰富的营养素与果胶，可养身美容（右图）。

血中的血红素，请多注意。

柑橘：柑橘之酸，主要是柠檬酸，其次才是维生素C；前者酸可代谢热量，而后者对于预防感冒有所帮助。含丰富维生素P的橘络，有降血压的功效。

核桃是核果中营养最好的食物，但要注意其热量颇高。

柳橙：现榨鲜果汁最能令人一天神清气爽，胃肠舒适，但咳嗽的人不要吃，越吃咳得越重，因其属寒性食品。

葡萄柚：皮薄肉多，酸甜够味，有利于新陈代谢。果肉耐消化，可以减肥，也有降血压的作用。

苹果：苹果含营养素很多，可养身美容，简直可称为“水果之王”。而且苹果含果胶质多，对腹泻有舒缓作用。甜味主要来自果糖，酸味来自果酸与柠檬酸。

※注意苹果心的果肉少吃，杀虫剂多半聚集在此处。

草莓：属于蔷薇科。蔬果类中真正含维生素C最多者，100克果实中有80毫克含量。以鲜吃为佳，尤其老年人有便秘问题时，吃草莓帮助通便。可惜它的产期短又很容易在运送过程中被压坏。

西瓜：可大量补充水分，100克果肉中维生素C含量为5毫克。西瓜的红色是番茄红素（Lycopene）与胡萝卜素的混合物，属特别营养素。因含钾量极高，利尿效果很好，在肝脏有问题时，每日中午食半个小西瓜，可利尿排热，对肝炎有辅助疗效。

核桃：是核果中营养最好的，因其热量高，在冬天将核桃仁与芝麻（炒热）共同磨粉，再配合少量糖粉，每天用热开水冲一杯饮用，即使在天气寒冷时，都不易感到手脚冰冷。核桃仁含粗脂肪60%、蛋白质26%（所有重要的氨基酸都含有，可谓完全的蛋白质），B族维生素含量也多，又含有强化毛细血管的维生素P，对高血压的人是一个很好的食物选择。还能降低胆固醇，并补充微量元素，可以用热水烫1～2分钟，剥皮就顺利得多，如果还怕麻烦，到西饼店去购核桃糕，一天吃一片，就足够营养了。

木瓜果肉含有蛋白酶，可分解蛋白质，帮助消化。

木瓜：早期以脱水木瓜最常见，后来木瓜牛乳盛行后，大家开始注意木瓜的营养。在泰国，吃生木瓜丝配海中小蟹，再加上酸甜果汁、花生粉，其味极美。在食品罐头业也会利用到木瓜，尤其是水产罐头会以木瓜来代替泰国生产不足的番茄，填充到沙丁鱼罐头内作为酱汁。现在大家都已知道木瓜在饭后吃有助消化。因为果肉内含有蛋白酶，效果相当于人体中所分泌的胃蛋白酶及胰蛋白酶，可

马铃薯是营养丰富的食材，钾含量颇高，有助利尿，对肾脏有益。

分解蛋白质，帮助消化且能够滋养。含大量糖分、蛋白质、脂肪、维生素A、维生素B、维生素C及β-胡萝卜素、木瓜蛋白酶、木瓜碱（Carpaine，具有抗癌性）。但因番木瓜碱有麻痹中枢神经的作用，并可能使皮肤发黄，还可能会造成不孕，注意别吃太多。

马铃薯：又称洋芋，原产南美的智利，与茄子、番茄、辣椒属同科。亚洲人把马铃薯当配菜，而欧洲人则把它当作主食。马铃薯的营养可说是非常丰富，其中含利尿作用的钾量很多，对肾脏有助益，还含有大量淀粉及钙，是碱性食品。一般读者可能不知道，马铃薯所含有的维生素C是苹果的三四倍，尤其制作马铃薯泥时，加热过程中维生素C未被破坏。航海员虽少摄食青色蔬菜，但常吃马铃薯可免去坏血病的痛苦。100克马铃薯中尚含有0.1毫克的维生素B_1，对缓解皮肤病、香港脚都不错。平日我们吃的鱼丸、贡丸、墨鱼丸、关东煮、鱼肉香肠等，也会拿马铃薯当结着剂，能增强弹性，也是天然添加物的一种。

绿芦笋热量低、含叶酸、维生素B、维生素C、膳食纤维，属于健康蔬菜。

要小心的一点是，当马铃薯发芽后，即不可食用。因芽中含有龙葵素（Solanine），吃了会产生中毒，出现胃胀、头晕或腹泻。在外吃熟食时，发现马铃薯有黑紫现象，小心不要吃。马铃薯虽有这些小小的缺点，但优点大过于缺点，对胃溃疡、烫伤、过敏、腹泻、高血压都有疗效，特别是生马铃薯所含的酶，有降低血压的效果。

但以氢化油炸的薯条不宜多吃。

绿芦笋：5根芦笋的热量为25大卡，不含脂肪、胆固醇，含钾230

毫克、碳水化合物4克、蛋白质2克，同时含有丰富的叶酸、维生素C、B族维生素及膳食纤维，清香带有甜味，可以说是健康蔬菜。

芽菜：包括我们常吃到的绿豆芽、黄豆芽、香椿芽（树芽）、苜蓿芽、豌豆苗、麦苗，价廉物美，营养又好吃、热量又少，是健康生机饮食者的最爱。基本上，豆科及其种子的芽，所含蛋白质很丰富，还有钙、钾、铁、磷等矿物质，丰富的维生素及烟酸，属于碱性食物，可以调整人体内的酸碱性。

鲜玉米：好的玉米一定要在清晨五六点采收，立刻煮食或冷藏，因为玉米自玉米茎上采收后，不经立刻冷却，就会在不知不觉中，将糖分转为淀粉，失去甜味。特别是将采收的玉米堆放在一起，温度升高，更容易产生质变。正规工厂加工甜玉米的规定是，由采收到加工完，必须在4小时内完成，以防止失去营养素。

新鲜玉米连同玉米须一起煮，可利尿、解热，对肝脏及肾脏的代谢都有助益。

芽菜类热量低、营养高、价格便宜，常见于生机饮食餐中。

甘薯：早期我刚来台湾时，白米不够吃，有时会把甘薯当一餐，现在回过头来看，发现甘薯所含营养素比米还多。其主成分是淀粉，热量比米少、比马铃薯高，因含有糖化酶，可将淀粉慢慢变成糖，所以烤后焦香。甘薯也同马铃薯一样，含有维生素C，100克中含30毫克，与蜜柑含量相同，比番茄含量高，且不易受加热破坏。

维生素B_1含量为0.15毫克/100克，也比白米高，红肉甘薯还含有胡萝卜素、矿物质，以钾的含量最高，是高营养素的好食品。甘薯含有的黏液有改善便秘的效果，且富含纤维可促进肠蠕动，并吸收胆固醇。红薯可进一步做成添加物，作用非常多，如添加于饴糖、饲料、点心等。

甜瓜：市场常见的甜瓜品种有美浓甜瓜、黄甜瓜、洋香瓜，改良品种不少。除了水分多外，还有糖类及维生素C，清香可口，为饭后的助消化水果。

饭后脂肪的代谢必须有葡萄糖配合，如果葡萄糖供应不足时，会产生大量对人体有毒的酮酸。人体内的脑细胞、神经细胞及红血球都需要葡萄糖作为能源，所以下午茶时间，我建议多吃点水果，帮助糖分吸收，补充体力。而且各种甜瓜的钾含量高于苹果（生鲜食物的钾均比加工食品或调理食品多）。

钾在人体细胞内用于细胞膜的定位，也具有协助合成肝糖和蛋白酶的作用，还可调节血压，协调肌肉收缩。如身体吸收超过2000毫克，则会从尿中排出体外，但肾脏功能不正常的人，就会造成血中钾浓度过高，导致心律不齐，甚至有生命危险。

优质蛋白质营养元素——海鲜

干贝：热量低，适合水肿、高血压者的饮食。

虾：高白蛋质，强精补肾，脂肪少，热量低。

鱼肉：高蛋白，易消化，尤其是深海鱼，特别补脑。所含营养可修复神经，胆固醇含量低。鱼腥味越少，新鲜度越棒，如有鱼腥味，则属二级鲜度。

九孔螺：对眼睛及肝脏特别有补充营养的效果。

鲑鱼：蛋白质含量高，营养丰富，为寒冷地区的鱼，特别含有维生素D、维生素A、维生素B_6、维生素B_{12}及多种矿物质，热量低，低胆固醇。鱼油中含DHA、EPA，对儿童脑部发育有帮助，对成人预防心脏及血管方面疾病也具功效。含可让老年人血管软化的深海鱼油ω-3及不饱和脂肪酸，每100克鱼肉含2.7克。

鱼肉胆固醇含量低，烹调方式以蒸煮比油煎或火烤好。

海鲜类拥有优质的蛋白质营养元素。

市面上常见的鱿鱼多为加工或已干燥产品，其实新鲜鱿鱼具有全部的必需氨基酸，营养成分很高。

※鲜红肉色的鲑鱼为野生，池养的鱼肉呈粉红色，有些不良业者会在鱼饲料中添加致癌色素。

牡蛎与蛤蜊（又称蚬）：生长于河川或海边的泥沙中，近来各港口水污染严重，特别是有机重油污染，煮后，汤内及肉内均含有重机油味。

蚬是一种很好的水产品，因为其蛋白质中含有大量的甲硫氨酸等必需氨基酸及维生素B_{12}，又很容易被人体吸收，吸收率达97%。在我为亲人做食疗时，每天都购买600克的蚬，用蒸的，不放任何调味料及盐，蒸好了不吃肉，只喝白色如牛乳的蚬汤，供患者中餐、晚餐食用，整整吃了一个月，急性肝炎明显好转。分析其效果，牡蛎与蚬都含有使肝脏功能活络的肝糖（Glycogen）与牛磺酸（Taurine），具有改善肝脏功能的效果。此外，还可补血、补脑、壮阳，人体吸收速度又快，虚弱或肝脏不好的人，不妨常吃。也可多喝蚬煮味噌汤，有利胆作用。蚬含钙量相当高，与磷的比例恰当。

※生吃蚬会将体内含有的维生素B_1分解掉，所以要吃熟的。

鳗鱼：鳗鱼加工后相当营养可口，将日本二次发酵最好的酱油涂在烤鳗鱼表面而味美。鳗鱼肉含高蛋白质、脂肪及维生素A，对眼睛有益。

鱿鱼：在市面上看到的鱿鱼，多是加工过的零食，一般人视其为不易消化的食物，其实生鲜鱿鱼的营养素很多，而且全部的必需氨基酸都具有，蛋白质含量也比牛肉、牛乳高。

You need to know

◎鱿鱼采购指南：A级鲜度最好，为红褐色（肉质柔软，有弹性）→B级白浊→C级（鲜度差）红色（肉质硬，无弹性）。

◎孕妇可多吃鱼，最好每周两份以上。因为鱼营养高，ω-3脂肪酸对抑制汞伤害有潜在帮助，如鲑鱼、鳕鱼都是汞含量较低的鱼肉。若鱼肉中汞含量高，会使宝宝成为过动儿的风险增高，同时注意力发展也较不足。

功能性保健食品的养生概念

功能性保健食品不是药，但可作日常保健用，效果不错。许多功能性食物皆属天然植物，虽然可以用化学方法分析出成分，但因以食物名义出售，不能标示出疗效。换句话说，即使有疗效也是口口相传，得不到卫生机构的认可。站在添加物食品保健的立场，我特别针对功能性食品中常用的成分提出说明，让读者在选择相关产品时更有概念。

对抗老化的自然食材

延缓老化，是每个人的希望，所以各式各样的抗老化食品，在广告的大肆宣传下，功效活神活现。但实质效果如何？恐怕是因人而异。现在我们先来探讨，何以人体会老化？主要原因何在？对身体的运作多一分了解，才更能掌握抗老化的要诀。

植物类含抗氧化剂最多，其中深绿色蔬菜也可阻止自由基过度活跃。

随着年龄的增长，人体的自由基平衡功能也日趋减弱，过度的劳动、压力或熬夜都会让体内产生过多的氧化自由基，容易引发老化的相关疾病，因此抗氧化就成为抗老化与肌肤保健的重要步骤。医学研究发现，许多天然蔬果是最佳的抗氧化物来源，但是食用时要特别注意农药残留，以免将有害物质同时吃进肚子中。尤其是美味的食物中，含有那么多的食品添加物，油炸的食物、发霉的核果、动物脂肪的高热量、高脂肪、过甜、过咸的食品，再加上化学添加物的毒性，稍不注意，就让自己的身体受荼毒。

目前备受肯定的抗氧化物包括植物多酚，及维生素C、维生素E等。在众多的食物中，植物类所含抗氧化物最多。研究发现，大麦苗具有极高的抗氧化物，此外，含有丰富维生素C的橘子、柳橙、葡萄柚、深绿色蔬菜，含维生素E的植物种子油、小麦胚芽、谷类、南瓜子、蛋、肉、豆类，含β-胡萝卜素的胡萝卜、南瓜、西兰花等，都是可阻止自由基过度活跃的食物。

中药里可补肾气、助健脾的材料，也是对抗自由基的尖兵，如黑芝麻、红枣、薏仁、核桃仁、蜂蜜、桑葚、灵芝、何首乌、银杏、姜，可提高人体免疫力；当归、五加、黄芪、菟丝子、牛蒡、肉桂，可固肾益寿，所谓“肾气有余，年皆百岁”。

“粥”自古即是养生秘诀之一，利用粳米、小米、糯米煮粥，或山药、黄精、枸杞、大枣煮粥，对健康都有益。

除了饮食上的调养，适量的运动也是延缓老化的关键，体格柔软、肌力强健、平衡训练及加强心肺功能的慢跑快走等，也都是不错的选择。

抗老化的食品，在欧洲一直是不退烧的话题，其中被萃取食用超过40年的葡萄籽，即因为其含有原花色素，抗氧化、消除自由基的能力是维生素E的50倍，也是维生素C的20倍。其疗效在于消除体内有害的自由基，预防老化性疾病，减缓过敏、气喘、花粉热，并能改善血液循环，阻止血小板凝结、形成血块，化解中风危险，改善视力。

葡萄籽相关产品，有标准剂量50毫克（95%纯度原花色素）的锭片，不可包糖衣。

西兰花、南瓜都是很好的抗氧化蔬菜。

利用黄芪、枸杞、大枣等煮粥，是自古以来的养生秘诀。

10种日常养生食品建议

冬虫夏草：台湾“国科会”于2002年4月11日发表，由阳明大学微生物免疫研究所教授林清渊经动物试验，发现冬虫夏草在抑制肾炎恶化、治疗人类全身性红斑性狼疮及对气喘的预防及治疗方面，都有相当大的功效。

冬虫夏草子实体内含有天然化合物HI-A，对过敏原特殊抗体IgE具临床应用潜力，对卵白蛋白或尘螨气喘过敏原DERP 5具预防及治疗作用。虽说它是保健食品中比较名贵的中药材，但却具有强身固体疗效。对于A型肝炎症状，可与人参或洋参共煮汤，供作食疗，同样有显著的改善。HI-A天然化合物纯化后，在人体免疫研究上，可改善血尿、蛋白尿及组织病理变化，而且无毒性。目前医学界更证实冬虫夏草可对抗心律不齐，增加冠状动脉的血流量，并降低冠状动脉、脑及周边血管的阻力，效果要比白果核好很多。

冬虫夏草生长在中国大陆西北、西南高山及青藏高原上，外表似植物的虫体外壳与虫草菌结合体，本草纲目中记载“冬虫夏草性味甘平，能保肺益肾，止血化痰，无毒，为温补的中草药。”

※目前市面上，冬虫夏草的真货不多，有的甚至于将冬虫夏草抽出其成分，余下的外形部分再干燥成商品出售，消费者很难辨别真伪。

蜂蜜：在五六十年代，说到蜂蜜，那可是一种高贵又营养的食品，尤其又有桂圆的花香味，滋养又可

蜂蜜含有钾、钠、钙、铁、镁等矿物质元素，以及多种维生素成分。

口。蜂蜜甜味的主成分是葡萄糖与果糖，并含有钾、钠、钙、铁、镁等矿物质元素，以及维生素B_1、维生素B_2、维生素B_6、维生素K，为碱性食品。

花粉：花粉也是蜜蜂的食物之一。花粉含有细胞原的核酸，主管蜜蜂的生活精力，又含有必需氨基酸、矿物元素及丰富的B族维生素，其中维生素B_2含量最多，还含有各种酶与激素。人体借由摄食花粉，可以补充平衡营养素，可防止老化，且对高血压、肝炎都有改善效果。但是有一点要注意，过敏体质或气喘的人，最好不要吃花粉，虽然花粉标榜具有那么多的优点，但毕竟未能经医学界肯定具有疗效，只能将其视为日常生活保健食品。

铁皮石斛（金石斛）：拉丁学名为*Dendrobium candidum*，属兰科植物，食疗取材采用美花石斛、铁皮石斛、广东石斛等的干燥茎。

一般市面商品多为铁皮石斛，表面金黄有光泽，味淡苦，嚼时黏性大，外形如耳环状，已将茎干燥，扭曲成螺旋形，此药材为稀有之物，适合补阴性（冷性体质）的身体，可养阴、生津、下火，若是泡水饮用，可退虚热、养肝明目。尤其对口渴、口舌干燥、虚热不退、肝肾不足、视物昏暗、腰膝软弱者有改善作用。

石斛品种很多，以铁皮石斛作用最好，平衡人体阴阳可与洋参合用，效果最佳，要久煎，如此味性才可完全释出。

西洋参（花旗参、洋参、粉光参）：一共有两种，一种切片大，红色，为温补用参，也属补益中药；另一种切片小，白色，纤维棉状，属于凉补。食用哪一种视受补者的体质而定。两者均是北美洲栽培的西洋参，性味甘、微苦寒、补气养阴、清热生津、清退虚火，可恢复体力，以口中慢慢咀嚼或开水泡服，或与铁皮石斛以1：10混

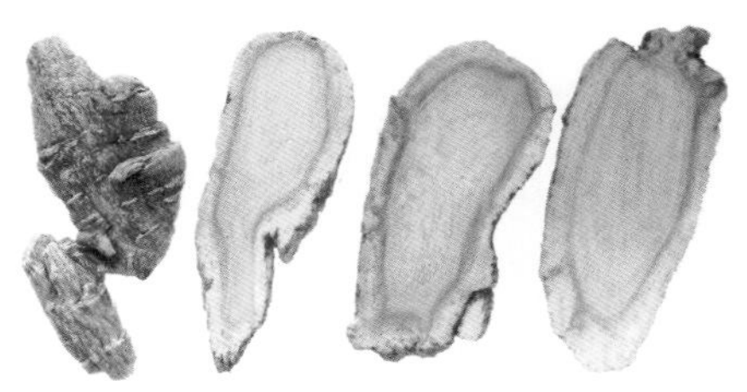
西洋参分温补与凉补，食用时须视受补者体质而定。

磨，二者煮水喝，比单服其一具有加倍效用。平常工作辛苦的劳心劳力者，用泡茶方式饮用，体力能很快恢复，而且脑力也特别清醒，这点我可是屡试不爽。

中医师特别交代，服用洋参、石斛期间不要吃生萝卜以及辣椒、酒、油炸食品及辛辣食品。服用时可连同瘦猪肉、鸡肉一起炖煮，或与山药、莲子、百合、沙参共用，作为清凉补，是制作夏天冷饮的好配方。

西洋参在养生保健上的效用包括如下。

1.镇静、止痛、安定、催眠、解热作用。
2.促进脑垂体分泌性腺激素，兴奋强壮。
3.增强免疫力。
4.保护心肌。
5.抗药害。
6.抗缺氧。
7.抗辐射。
8.抗心律不齐。
9.降血脂、抗疲劳。

人参：因外形如人形而得名，属于强壮滋补中药，食用时要注意体质是否适合，因为人参为热补，不适宜的体质不能吃，否则会补出问题，得不偿失。

在我的经验中，将人参与其他食物共煮熬汤（高丽人工培养的红参不要多放），对肝病疗效很好，主为补气，生津止渴、安神、补气血。在中医理论上，不同体质所采用的食补药材也有所殊异。例如：

· 体质属寒性者（不是体质怕冷者，与寒性不同）→以人参补。
· 体质属热性者（不是体质发热者）→西洋参调补。
· 五心烦躁，阳虚→以当归、肉苁蓉调补。
· 五心烦躁，阴虚→以麦门冬、天门冬调补。
· 气虚有热→以西洋参凉补。
· 气虚有寒→以红参温补。
· 血虚→以当归、何首乌调补。

绿茶多酚：为极佳的抗氧化物质，能对抗自由基，降低心血管疾病发生的风险，也可以抑制食品防腐剂在体内转变为致癌物。绿茶粉可对抗引发子宫颈癌的人类乳突状病毒

（注意：高温冲泡会破坏绿茶多酚）。绿茶还可促进身体热量代谢，并促进脂肪燃烧，也是减肥功能性食品。

番茄红素：是强力预防慢性病和癌症的抗氧化剂。血液中，番茄红素含量越高，罹患乳癌及前列腺癌的几率越低。

天然现榨果汁：是最天然的营养补充，但要注意不要摄取糖分，否则喝多了会让人增胖且增加代谢负担。榨汁前一定要将水果浸洗，彻底洗去果皮上的农药及化学剂，避免二次污染。最好现榨现喝，即使要冷藏，也不要放到第二天，因为果汁会因贮藏期间接触空气而氧化，破坏天然果汁风味。如果发现果汁太甜，可以添加新鲜柠檬果汁，或喝的时候加冰块稀释，都是很好的方式。

现榨甘蔗汁：台湾地区民间传说，削去皮的红甘蔗榨汁是保护肝脏、营养极佳的饮料，每天不必喝多，大约200毫升就足够，不但可以补肝脏，而且还可以解去肝脏中的毒物。尤其是红甘蔗汁中所含有的微量矿物元素，对于肝脏发炎的修补是必需的。就营养上来说，是天然食物中最便宜的保健饮料。

为了不破坏绿茶多酚，冲泡时温度不宜太高（左图）。
现榨甘蔗汁可说是天然食物中最便宜的保健饮料（右图）。

高纤蔬菜水果保健有道

我在偶然间发现自己的身体出现肠癌，经开刀后，开始走上目前世界医学倡导的自然疗法与营养学二者合一的自然养生法，但是这范围实在太广。所谓生活自然医学，就是当人一旦生了病，医生不厌其烦地找我在柴米油盐、酱醋茶酒、食衣住行、情绪压力等方面，到底问题出在哪里。何况我一直注意平日的一切生活规矩，在吃食方面更注意食品添加物、防腐剂，油炸、烟酒很少碰，也经常运动，更何况我自己还写了有关吃食与健康方面的书籍，看如今，癌症竟然发生在自己的身上，医生及我一时都无法找出一条线索，以便往后可在身体健康上多留一点心，避免再犯。

历经一年多的自然生机饮食调理，首先是吃天生自然的蔬菜、水果，高纤维让我可不依赖药物、不便秘，然后每天运动快走1小时6公里，不断如常规。在自然生活中，也非常注意防止农药的侵害，

若是因忙碌无法外出运动，在室内做伸展运动也是不错的方式。

只因为我曾在上海担任中外合资总经理期间，吃下含有农药的西兰花而造成上吐下泻、住院急诊，经过那一次不小心误食有毒蔬菜的亲身体验后，我就特别小心自己的饮食，加上又历经一年多肠癌的治疗，我自想，发癌最大原因应是青年时工作环境压力太紧张辛苦，那种生活体验我想也找不出第二人。所谓堆沙成塔，身体在各种压力

除了吃的配合，保持运动习惯也是维持身体健康的基本要素。

下，精神肉体上得不到舒缓，加上饮食也得不到均衡，身体才会有此结果。

如今，在医生、内外科、新陈代谢科、精神科的各位医生合谈下，得知造成我罹患大肠癌的病因，好在是在初期发现，今后只要多注意运动、平衡饮食、多吃蔬菜水果、多喝好的饮用水，防止再复发即可；如此已经过了5年，我深刻感觉到蔬菜、水果的高纤维及运动、平衡饮食的重要，希望借自己本身经验，来告诉给注意自己健康的每一位读者。

下面我要不厌其烦地告诉大家我做法上的一些细节。

抗病第一关——增强身体免疫力

免疫力差就如打仗，兵败如山倒，可以发生各种疾病。最常发生的小疾病如感冒、过敏、皮肤不舒适等，均是新陈代谢上出现了问题。一旦有此情况发生，你必须注意从饮食方面下手，特别是要找出那些简单、易行、不必很麻烦的饮食方法。每天从早晨开始保持愉快的心情，工作一定顺利成功，精神自然轻松不紧张，以下就是我一天生活的忠实报告。

早上起床，不管冬天夏天都是温开水一杯，最少200毫升，夏天时冷凉开水一杯同样是200毫升，就足够润滑你的肠胃。接着你会想吃一些食品，可选有名且有信誉的饮料，如喝一杯豆浆牛乳100～200毫升，果汁的话可以特别选最有益身心的果汁，如泰国山竹果汁及药用植物女王诺丽果汁。

诺丽果在海南、台湾已开发了

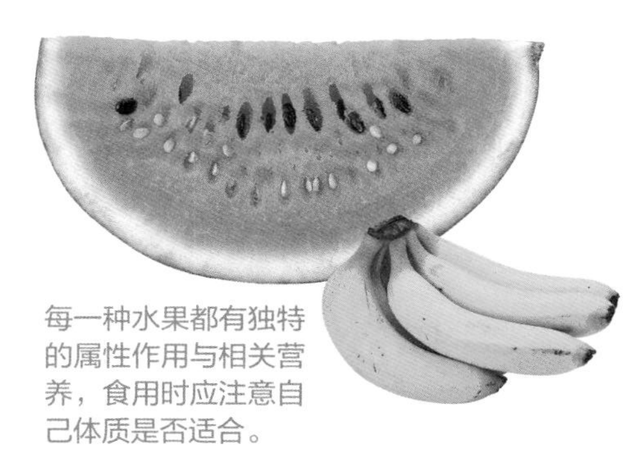

每一种水果都有独特的属性作用与相关营养，食用时应注意自己体质是否适合。

每天早上空腹时先喝一杯200毫升温开水润滑肠胃，是健康首步。

许多商品。该果原生地为波利尼西亚，是具有两千年历史的药草植物，果汁中含有超过150种有效成分，以大溪地所产果汁品质最为优良。目前我每天早上食用含有30%天然浓缩诺丽果的果泥30毫升，就足够让我每天生活轻松愉快，不仅新陈代谢正常，可以使身体不受气候及冷热的太大影响，增强抵抗自由基能力，增强免疫力，不再轻易感冒发热。

吃水果的意外收获

东南亚的泰国在夏季是“水果之王”榴梿的盛产期，大街小巷都会飘着榴梿的异常香味，吸引每一位前往此地旅游的人士，每个人也

诺丽果是具有超过2000年历史的药用植物，原产地在波利尼西亚。

都会希望品尝一口，一饱口福。除了品尝“水果之王”的甜香外，还有一种绿叶、外壳紫红的“水果之后”，名叫山竹。剥开它的外壳后雪白果肉一瓣瓣呈现在眼前，吸引人的果香会让人恨不得立刻咬上一口，那股甜酸平衡的味道会令品尝过的人终生难忘。尝过山竹的蜜甜清香与榴梿混拌的糯米饭，一趟东南亚旅行就算是值回票价了。

我因喜爱吃，加上平日对身体有益的书籍文献也多有涉猎，也因此发现对人体健康很重要的秘密。所以我想让每一位品尝过这两种热带水果的人，都能有更进一步的认识，也好在这天然水果的协助下，让每一位品读过这本书的读者，可以更容易维护自己健壮的身体，让生命更长寿，在无疾病、不必吃各种保健食品，很自然而又没有副作用的情况下，享受上天自然的赐福。

〔**水果与健康**〕

西瓜：适合湿热体质。

芒果：适合在座舱时食用，防止晕车。

荔枝：吃太多可致低血糖，前列腺肥大不可吃，热性。

桂圆（龙眼）：含钾离子，补血、热性。怀孕不要吃，会影响胎儿皮肤（湿热）。

香蕉：含钠离子，易与磷结合，骨折与缺钙的人少吃。香蕉促进肠黏膜神经安定，利排便、安神，含果胶。

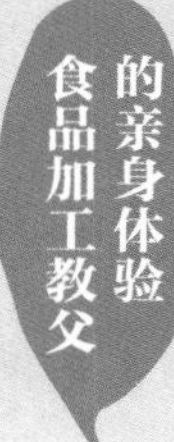

水果王后——山竹

（1）热带常绿乔木，高度可长至20～27米，无性生殖，所以山竹树的天然基因单纯，无变异；有关山竹的天然药用作用，东南亚一带的热带居民，尤其是泰国、马来西亚、新加坡、印度尼西亚，在他们先祖时代就流传下一句俗语："吃多了上火的果王榴梿，就要赶紧吃降燥热的果后山竹。"

（2）我曾在泰国工作10年，也访问过当地居民，这期间的经历与收获颇多。先说山竹紫红外壳的妙用，当地居民若遇到皮肤擦伤，会立刻将山竹紫红外壳捣烂，外敷在破伤处，很快可止痛收口。平常一般疾病，如感冒、发热、头痛，可以煮山竹果壳来饮用，可很快改善症状，这是一般的天然改善方式。目前全世界的医学界，如日本、中国、澳大利亚、波兰等发表的关于山竹神奇作用的研究论文可说有上千篇，其中有独特疗效的部分我也整理出来，特别告诉读者，以便在吃此水果后，更有效益，增进身体健康。

（3）1995年诺贝尔医学奖提名的生理医学博士哈曼，就有重要发现，他发现：人的老化及疾病都是细胞中的"自由基"造成的，自由基是造成许多疾病的主凶手，这在医学上已证实，胡萝卜的抗自由基能力指数是200，而山竹的能力指数则高达1700，二者相差约85倍。因此饮用山竹果汁（果肉及全果打碎压汁），对下列疾病有明显改善作用，如：

❶提升免疫力。

❷体质燥热、怕热、过敏、炎症反应指数偏高或冷寒体质者则较不适合，因为山竹本身吃了可以降火，炎燥者喝了山竹果汁反而会感到更虚弱，要注意。

❸对自由基太多的疾病，例如高血压、糖尿病、关节炎、过敏、癌症自体免疫疾病、便秘等，可配合西药作辅助疗法。

❹山竹本身拥有抗氧化能力，主成分山竹山酮的抗氧化能力很高，是其具有效果的主因。因生活习惯及疾病与身体自然老化，以及抽烟、暴饮暴食、压力、环境的污染，特别是化学工厂造成的空气污染，导致体内形成的自由基数量大量急速增加，因而造成各种疾病发生，而山竹可消灭各种自由基。

健康生活 8大疑问Q＆A

Q1 我们的健康真的受到食品添加物的危害吗？

A 食品添加物有上千种之多，目前在食品业所使用的，都是世界上各国政府法定允许的合格食品添加物，如果依对健康的危害程度来说，防腐剂、杀菌剂、抗氧化剂、漂白剂、乳化剂、芳香剂、色素、着色剂等，这些确实是令人担心的问题。

肉类添加的亚硝酸盐，面粉添加的漂白剂，香肠、火腿添加的乳化剂、人工合成色素、染色剂，特别是花生粉中的黄曲霉毒素，咖啡豆受潮湿产生的赭曲霉毒素，都已经被公认为是造成危害人体的癌症的元凶。最近更证实精制淀粉会影响婴幼儿眼部发育，是造成近视发生的原因之一。

Q2 未来食品添加物的展望是什么？

A 我们学食品加工的，并不希望用一些化学合成的食品添加物，虽然这些食品添加物是法定范围内允许添加的，但是优良业者都会在食品包装上注明，且尽量避开那些对人体不好的添加剂。

例如大超市的面包店，面包只售当日，其中除了添加了乳化剂（使面包柔软）外，不会加防腐剂。品质好的冰淇淋，现在也减少使用化学胶黏剂及淀粉，而回归天然的水果取材，在色泽表现上也逐渐淘汰人工合成色素，改用天然色素。

在抗氧化剂的使用上，也多以维生素C及维生素E取代化学添加物。冷冻食品、脱水食品、腌渍食品也尽量脱离防腐剂、杀菌剂的添加。

我在前文已提示过，出厂后三个月的产品最新鲜好吃，不论是否有食品添加物在内，过了三个月后，新鲜度越来越差。但是有些食品商没有在食品包装的标签上注明何时出厂、何时到期，或未注明保质期，也不注明出厂日期，只标明在××年××月××日前可以食用，这对消费者是一种混淆。

消费者要懂得如何推算，举例说明：食品打在包装袋上的日期如果是“请于2013年9月30日前食用”，而你在购买该产品时已经是2013年8月1日，推算距离最后期限只有两个月了，已接近保鲜尾声，像这类食品多出现在促销中，这时，你必须多想想再下手。

现代腌渍加工品已尽量脱离防腐剂、杀菌剂的添加，购买时则要多注意制造日期。

蕈类食物有无食用上的健康危机？

2002年8月曾在日本检验出我国销日的香菇产品中，含有世界各国禁用的杀虫剂二氯松，其含量超出安全数值28倍。

2001年欧洲曾抽检浙江香菇，发现甲醛含量高达300毫克/千克。

究竟二氯松及甲醛对人体有何伤害？

甲醛为工业用防腐剂，含25%的水溶液即是俗称的“福尔马林”，具漂白及防腐功用，部分不良商人会利用此物的特性，为鱼虾做特别处理。如果人体一次食入20毫克的甲醛，就会对人体产生危害，微量甲醛也会在体内堆积，进而诱发肝癌。世界各国皆明令禁止在食物中添加此物作防腐及漂白之用。

二氯松则为农用杀虫剂，多用在香菇的防腐上，毒性极强，台湾香菇是料理中常使用到的蕈类食物，食用前可用热水浸泡。

地区于1998年已禁止使用。

香菇中是否含有甲醛，无法由外表辨识，消费者在选购时，只能尽量避免购买散装的香菇，如有刺鼻药味者，也不要购买。

另有一个方法可降低甲醛的伤害，就是利用浸泡的方式清洗农药，因为甲醛可溶于水，食用前可用热水浸泡香菇，而泡过香菇的水要倒掉，不可加入食物中料理，常在外就餐的人，最好避免食用香菇料理。

Q4 常吃哪些食品易罹患肝癌？

A 发霉的花生与玉米粉容易受黄曲霉毒素污染，经常食用此类食物的人，罹患肝癌的几率也会增高，尤其是研磨后的花生粉，从外表上不易看出是否有发霉，要特别注意。

Q5 如何分辨葡萄皮上是否有农药残留？

A 一般葡萄皮上常会有一层蜡质白色果粉，这对成熟的葡萄具有保护作用。除此之外，如果葡萄皮上发现有浅蓝色块斑或白色块斑，就表示有农药残留，要特别注意清洗。

新鲜葡萄皮上的白色果粉属天然物质，但若发现浅蓝或白色斑块表示有农药残留。

Q6 常吃菠菜容易造成胆或肾结石吗?

A 菠菜中含有有机酸——草酸，如果与钙质结合，会产生草酸钙，此种钙在人体内不容易溶解排除。所以，只要降低同时摄食菠菜与板豆腐的机会与食用量，或是在吃菠菜时，同时摄取蛋、肉、鱼，就可以抑制草酸的作用，不会造成结石的危险。

Q7 塑化剂是什么?

A 塑化剂又称磷苯二甲酸酯，是包装材料塑胶的软化剂，环境激素的一种，对人体生殖和发育有影响，造成天生缺陷，并提高罹患肝癌及肾癌风险。果汁中若添加塑化剂，会影响甲状腺。

Q8 破解流行健康法大骗局

A 有些健康法你是否深信，而且正在实践呢?

1.为了肠胃健康每天饮用酸乳 ………… ✕
2.每天饮用牛乳以防钙质不足 ………… ✕
3.吃水果容易发胖而少吃，借营养补充剂来摄取维生素 ………… ✕
4.摄取高蛋白而低热量的食物 ………… ✕
5.饮用含儿茶素的绿茶作为主要水分来源 ………… ✕
6.吃肉并不能产生体力 ………… ○
7.不吃肉就无法使肌肉发达 ………… ✕

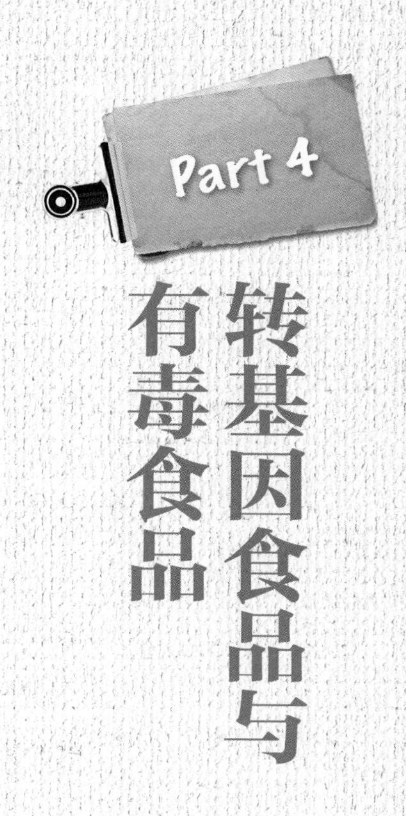

Part 4 转基因食品与有毒食品

当天天吃的粮食逐渐被转基因、有毒化学成分给攻城掠地时，身为消费者要怎么科学认识与防备？其实，这些都有迹可循。当蔬菜水果百虫拒吃、豆浆吐司久摆不坏，你就该合理怀疑，甚至拒买，俗话说“天然的更好”，这，才是王道。

转基因食物是什么？

杰佛瑞·史密斯是一位沟通者，也是一位教育家，他曾任职于美国基因改造有机体检测实验室，在实验室中他被基因改造过的玉米与黄豆所包围，当他听见科学家说GMD（基因改造）恐带来健康危机时，他开始研究并发现GMD食品的可怕，认为民众应该知道这些真相，于是他行动起来，专门揭发政府不想面对、企业所隐瞒的基因改造种种黑幕。他也出版了《欺骗的种子》一书。

目前转基因食品在台湾地区已到了什么程度，我深深地感到担忧，因为转基因食品会因你常吃到，有可能导致身体的免疫系统损伤，改变肠胃道结构及使细胞增生，危害到我们的健康，也剥夺农民生存权。特别是我们每日的早餐，史密斯提出警告，比如目前你所喝的豆浆，最常见到的是有些民众对黄豆过敏，有些人出现肠胃不适、湿疹及痤疮等皮肤病。

“恐怖的变态食物”？

史密斯称，转基因食品是以人为的方式改变物种的基因排列，简单地说，就是把某种植物或动物的某个基因，从一连串的基因组合中分离出来，再植入另外一个生物体内，像番茄抗寒、抗病的木瓜等就是转基因的结果。转基因的主要目的有三：❶性状改良，让作物吃起来好吃，色香味更上一层楼；❷抗病毒害；❸抗除草剂。

当然，我们百姓也有权向当局要求，请他们宣布哪些食品是属于转基因的，百姓可以有权选择是否购买食用。

目前，世界上八成大豆制品来自于基因改造，例如台湾地区的大豆原料多是进口黄豆，主要进口来源是美国，其次是巴西。黄豆在美国是饲料用转基因黄豆，而台湾的生产者竟闭着眼睛加工生产成豆浆及豆制品来提供给人吃，长期下来，恐怕会给民众健康带来威胁。

天然食物也有陷阱

许多食品达人在电视上、杂志上鼓励我们这一群天真的老百姓多吃天然食物，只是所谓的天然食物也存有许多陷阱。举例来说，我们在传统的台湾市场上常见到小摊贩推出早上现煮的甜玉米、糯玉米，这算是天然食物吧！但是玉米很有可能农药超量，陷阱颇多。

〔台湾的天然食物中的非自然隐忧〕

水果中的草莓会喷生长激素。芒果进行催熟。化工柠檬酸洗水蜜桃防腐。脆桃浸明矾、酒精，保持脆皮，会引发过敏。红枣喷二氧化硫，引发过敏哮喘。吻仔鱼氽烫时加入二氧化硫，会引发哮喘。鲜香菇、银耳、芽菜均可能经过漂白，对呼吸道有损害。

一定要知道的食物密码

以下的资料数据可以让消费者了解哪些是转基因食品。

即便是天然食物，也可能存在许多不可知的安全陷阱。

You need to know

转基因食品的不安全因素多数为造成过敏，最常见的是产生皮肤过敏现象。

〔美国已商品化的转基因食品〕

黄豆（85%）、棉花（76%）、芥花（75%）、玉米（40%）、夏威夷木瓜（50%以上）、美洲黄瓜与黄南瓜（少量）、烟草（奎斯特品牌）。

〔其他转基因食物来源〕

A.产自注射rbGH牛只的乳制品。

B.食物添加物、酶、香料和加工制剂，包括人工甜味剂阿斯巴甜（纽特公司产品）及用来制造硬质乳酪的凝乳酶。

C.产自食用转基因饲料动物的肉品、蛋类及乳制品。

D.可能含有转基因来源花粉的蜂蜜和蜂花粉（Bee Pollen）。

可能经过转基因的食品：

人造奶油、黄豆粉、大豆蛋白、大豆卵磷脂、结构性植物蛋白、玉米粉、玉米糖浆、葡萄糖、麦芽糊精、果糖、柠檬酸、乳酸。

可能有转基因成分的食物与用品：

❶食品项目：婴儿配方奶粉、面包、玉米片、汉堡、热狗、人造奶油、蛋黄酱、咸饼干、甜饼干、巧克力、糖果、油炸食品、马铃薯片、速食汉堡、肉类替代品、冰淇淋、酸奶霜淇淋、豆腐、味噌、酱油、大豆乳酪、番茄酱、蛋白粉、酒精、香草、糖粉、花生酱、营养强化面粉和面团。

❷非食品项目：化妆品、肥皂、洗洁精、洗发精和泡泡浴剂。

认识有毒食品

想知道有毒食品有哪些类别吗？里面其实皆含有不合格的食品添加物。

“毒淀粉”类食品

主要是顺丁烯二酸（又称马来酸）的滥用添加。“毒淀粉”运用的范围很广，如肉丸类油炸食品的外衣、盐酥鸡、甜不辣、鱼浆制品、冰淇淋、香肠、大肠、鱼丸、贡丸、糕饼类等。说不完的毒食品充斥于白天的菜市场、小吃摊、茶点餐厅，晚上有名的夜市里，更可怕的是连有名的大型食品公司也中招。

起初它主要是海关所核准进口的化工厂淀粉原料，根本不是食品原料，但厂商贪便宜加上效果好，这些淀粉制出的成品耐摔有弹性、耐咬具脆酥感，若是喝的液体吃到嘴内则有滑顺感，这些非食品原料最终统统都进入了食品中，被吃到身体内。代谢差的人在日积月累下，会在身体上出现许多疾病，我见到最多的疾病就是皮肤病、需洗肾的肾脏病、高胆固醇、肠癌等。

毒淀粉

作用：顺丁烯二酸酐（Maleic Anhydride）主要用来增加淀粉浓稠度，为有机酸，是带有两个羧基（COOH）的有机化合物，由于所含氢链H很多，具有很强的分子间作用，加在淀粉中就变成有毒的化工淀粉，也就是俗称的“毒淀粉”，这并不是供人吃的。

顺丁烯二酸酐再加水会变成顺丁烯二酸。顺丁烯二酸具急毒性，在“毒淀粉”的加工上使用多次及超量，会对人体的肾小管损伤，并累积成肾毒而必须洗肾。

运用范围：包含所有淀粉丸、人造香肠、豆花、肉羹、杂烩、芋丸、地瓜丸、珍珠粉圆等，可使这些产品增加弹性、黏性，成形。

淀粉类制品相当多，尤其是各种淀粉丸类常见于各种小吃之中。

含农药杀虫剂的食品

蔬菜水果，特别是某些号称有机的蔬菜，不但卖得贵，而且农药下得也重。更可怕的是，台湾地区曾在2013年9月公布说，检验到某红酒中含有农药，销售代理商竟还大声地说台湾没有规定红酒中不可以含有农药，这是个奇怪的视钱如命的代理商。那么，你喝了会生什么病？有谁在管？相关部门为何不大大地公告，让消费者知道是哪一个代理商，重点是赶紧下架才对。

红曲

首先要注意有毒性的橘青霉素（Citrinin）。目前红曲食品在市面上有红曲醋、红曲蛋卷、红曲味噌、红曲饼干、红曲肉酱、红露酒及市场上的红色炸肉干等。红曲种类目前共有三种，用途也不同，如：

❶生产量最大的制酒红曲。

❷色素红曲。

❸产量少、培养也最困难的保健红曲。

红曲专家吴教授分离出一支烟

You need to know

1. 一般在清洗蔬菜时，为彻底洗去残余农药，主妇们多会将蔬菜浸泡在水中一阵子，甚至加入食盐，如此一来，虽然可将农药洗去，但其中的维生素C也可能悉数流失，所以浸泡时间不宜超过半小时。最好是水果削皮，蔬菜多洗1～3次，洗涤后浸泡10分钟，以1斤菜6L水为佳，可以降低农药残留的风险。
2. 若全世界不使用农药，会减少35%的作物，但也应该正确使用农药，残留农药也必须在安全容许量（MR2）范围内。
3. 政府有关部门曾检验出竹荪中二氧化硫（SO_2）超标73倍。黄花菜、竹荪等干货买回家后，先泡冷水50分钟或温水30分钟，SO_2就能完全溶于水。SO_2过量会引起气喘、过敏性皮肤炎。

灰色红曲菌，将酒精与有机酸结合成各种香味成分，用来提高五粮液、沱牌等白酒的香味。

另外，法国学者Blanc博士于1995年发现某些红曲菌会产生一种橘青霉素，对人类肾脏、肝脏有轻微毒性，如果与棕曲霉毒素同时存在，可能引发严重的肾炎。又根据德国Allok公司发表的数据，各种水果与蔬菜中均含有0.01～0.035毫克/千克的橘青霉素，故实际上橘青霉素的产生与菌种及制作流程有关。

依台湾地区有关研究机构林博士的经验，红色素生产力特别高的红曲菌株通常会有橘青霉素产量过高的问题，尤其以液体通气培养时更为严重。同时日本“最新食品添加物”1999年版中规定，作为着色剂使用的红曲色素其橘青霉素含量必须低于0.2毫克/千克才安全。林博士出版的《红曲》一书中也特别提到“红曲中最重要的，就是吃的安全第一”。我们回头看看，台湾地区的大小超市可以看到很多食品公司拿着“红曲”保健大旗当广告，但标签上可有标示该产品中橘青霉素含量到底是多少？

我对红曲总结一句，台湾地区生产的红曲在安全性上应有起码的要求，不可随意让有毒的红曲橘青霉素在健康食品内超过规定。这一点我特别提出忠告，请读者多注意身边周围的食品安全性，以保护可贵的生命。

市面上红曲制品种类多元，但要注意的是，某些红曲菌株会产生橘青霉素，对人体并不好。

欧洲面包多不添加香精、乳化剂等，并以老面发酵，口感较粗硬却胜在自然健康。

香精

包括乳化剂、改良剂、人工软化添加剂。我在英国生活很久，英国政府对食品安全的规定很严格，尤其是白吐司一项，一条长长的吐司由大卖场买回来到第二天还尚有柔软性，第三天开始发硬，第四天如果不吃完又不放冰箱，会开始长出绿霉，其原因何在？就是不添加香精、乳化剂、改良剂。

说实在的，白吐司切片烤好，英国大多数人会抹果酱、蜂蜜、枫糖浆或是真正纯奶油，而不是化工加工后的假奶油，也就是人造奶油、加氢的脂肪酥油，而且也一定夹上天然的食品，如猪肉火腿片、煎蛋等，而不像我们的西饼店添加过多的加工产品。

在英国看到的面包都是里面加很多果酱、外面有白糖霜，白白的一大片，这是最原始营养的吐司。若是在德国，他们喜欢选用黑麦经酵母发酵的吐司或是老面发酵的面团，这些面包的成品都不会柔软如棉花，因为这些都属于天然自然的食品，也怪不得英国、德国、法国洗肾的病少有，没有像台湾地区这里大街小巷都写着洗肾中心。

化学酱油

化学酱油因用浓盐酸（HCl）分解成氨基酸，在外销美国时被发现含有少量的单氯丙二醇残留，它在欧盟被列为剧毒，会引起甲状腺癌。但台湾当局只告诉其一——规定单氯丙二醇在0.4毫克/千克为合法化学酱油，却未告知其二——它的危险性。有位经常在电视节目上见到的江医师告诉我们，烹饪温度每升高10℃，烹饪中加入的化学酱油中的单氯丙二醇会增加2～3倍，那么我们在红烧、炖、卤时，不也代表着吃入了过多的单氯丙二醇吗?

其他

“瘦肉精”：“瘦肉精”指的是盐酸克仑特罗，10微克/升为合法范围，但毒性一个比一个强的齐帕特罗（Zilpaterol）或是沙汀胺醇（Sallutamol），都是属于不允许添加的违法“瘦肉精”。

环境激素：又称内分泌干扰素（Endocrine Disrupter Substance，EDS）。近海沿岸由于许多重工业、部分电子工业、电镀污水厂排放废水之故，造成河川沿岸农作物灌溉用水、近海海鲜受到污染，这些污染原包括持久性有

因环境污染造成环境激素产生，
也是食物含毒的元凶之一。

机污染剂、二噁英、多氯联苯、有机氯等，都属环境激素，这些会引起女性乳癌、男子前列腺癌、睾丸癌等。另外，火烤海鲜焦化后会使其组织中所含的氮、碳产生致癌物。

美耐皿（塑瓷）：高温时会释出有毒的三聚氰胺。

毒素怎么堆积成塔?

日常生活中在体内累积的“毒素”与个人的遗传基因、生活环境有关。

例如每天吃：

❶含有食品添加物的食品。

❷含有农药的食品。

❸吃饭不定时。

❹经常喝茶或服用胃药。

以上都会让肝脏解毒功能细胞率先引爆。

那要怎么预防呢？建议多吃新鲜的食物，即均衡营养的食物群。

第一群 乳制品和蛋类：富含优良蛋白质、脂肪、钙质，是营养完全的食物。

第二群 由肉、鱼、豆类原料制成的产品：含优良蛋白质、脂肪、维生素B_1、维生素B_2、钙质，是制造肌肉和血液的食物。

第三群 蔬菜和水果：含维生素、矿物质、膳食纤维，是调整身体状态的食物。

第四群 谷类、砂糖、油脂：包含糖、蛋白质，是产生体温与力量的食物。

以上四群若以“营养学”与“能量”为中心，就要懂得控制能量的摄取并考量营养的均衡。能量方面，成年男性每天需要约2000千卡，女性约1600千卡。

多吃蔬果、饮食均衡，才能调整体质、常保健康。

以天然食品解添加物之毒

化学添加物虽然对于食品在加工过程中的品质控制有一定功效，甚至可以抑制部分毒素的产生，但许多添加剂本身含有毒性，对于人体的新陈代谢会造成相当大的负担，而且在体内累积一定的量后，对身体各器官部位都会造成伤害，进而使人体出现病痛症状。虽然人体的病痛未必都由食品添加物引起，但饮食毕竟与身体健康息息相关，读者在身体出现轻微不适症状时，可以试着调整自己的饮食，借由食物的天然特性，帮助身体代谢健康运作。

当你出现耳鸣、色斑、口臭、口腔炎、舌炎、胃酸、皮肤白斑、皮肤痒（过敏）、肥胖、起痘等症状时，可借助的天然排毒食物包括：绿豆、菜叶、水果、生姜、薏仁、蒟蒻、黑色食品（黑芝麻、黑糯米、木耳、香菇、黑枣）、红豆、核桃、红枣、山药、枸杞。

茶叶属天然饮品，可清肠、助肾、去水、开胃、防癌。

天然可排毒食物

绿豆：喝未破皮、炖煮10～12分钟的清汤，可解毒、清火、抗过敏，夏天当茶喝，不要吃绿豆仁。若口腔发炎、内痔，可配合使用B族维生素。

茶叶：以80℃水泡绿茶，90℃水泡高山乌龙茶（轻发酵，茶色偏绿），水入壶后，不超过1分钟即倒出，绿茶及乌龙茶品质高者（小壶）可泡10次。可清肠、助肾、去水、开胃、防癌。

水果：一般内含维生素C，有助美容，可去色斑、平衡生理活动、促进新陈代谢、抑制人体老化，特别是西瓜，对肝脏有排毒的作用。

生姜：可驱寒、防感冒。平日胃稍有不适时可饮淡姜茶。平日炒白菜加姜丝，不仅有助提香，也可增强心脏活力。

薏仁：是肝肾最佳的解毒天然食物，最好选老挝产薏仁（去掉外硬壳），用温盐水泡30分钟，洗薏仁时换清水洗到水不发白色为止，用不含铁的滤水煮薏仁，半锅水加洗好薏仁1杯半，煮3～4小时，煮到薏仁入嘴即化掉。先用大火，再用小火慢熬。

生姜妙用多，除料理用之外，平时也可用来祛寒、预防感冒。

在多种药膳食疗、甜品甜汤中，都可见到红枣的身影。

红豆：夏日解毒最佳选择之一，如能与薏仁搭配，具双重解毒效果，对肝、肾、皮肤过敏均有助益。

核桃：是特别有助肾脏功能的食物，生、熟食均可，不要吃多。核桃为高蛋白食品，且含强化血管的维生素P，可降低血中胆固醇含量，预防动脉硬化。

红枣：冬天气补，增进新陈代谢的食物。煮粥或煮排骨汤均可，切记不要放整粒，最好用刀切剖大片入锅。红枣在人体内，除了可促进新陈代谢外，也可帮助肾脏排除毒素，使皮肤美丽。

可借助天然食物的食疗方式来进行体内排毒。

番茄有利于人体内的毒素及尿酸的清除。

山药：生长在无农药的土壤中，低脂、高纤维且富含影响人体新陈代谢最重要的激素DHEA（脱氢表雄酮），能够使肌肤有光泽、有弹性，且能抗老化，除了对妇女有美容之效，对男生也具有强健肾脏、加强排毒的功能。吃食方法以煮汤、炖煮最佳。

枸杞：是我国宁夏特产，在气候特殊环境下生长的植物，所结的果子"枸杞子"，粒大、红润、甜蜜，对眼睛有滋补功能，可使眼睛特别明亮。枸杞属阴性，不燥热，一般与山药共煮汤进食，可促进新陈代谢，排除体内不良成分。

梅子：有杀菌的功效，保护人的胃肠不受有害毒菌侵袭，更能促进人体内的钠由尿液中排出，维持正常血压。

有助体内排毒的蔬菜

番茄：能净化血液，并促进排泄系统功能，有利于人体内的毒素及尿酸的清除。食用时要选择熟的红番茄，其酸性少，若是多酸性未成熟的番茄，对于人体肾脏反而是一种负担。

※吃番茄有助降低中风风险。吃进番茄红素，是很容易做到的健康饮食。

建议，煮熟的番茄比生番茄含更多的番茄红素。此外，红葡萄柚、西瓜、芭乐都含有番茄红素，不能只靠番茄。

萝卜：有利尿效果，所含芥子油可消除膀胱结石，与小黄瓜、青椒共打汁，则有助于清理胆囊和肝脏的毒素。

马铃薯：营养成分较高的食物，含

甜椒含微量元素硅，可生吃，是人体美容最好的蔬菜。

丰富微量元素钾，可促进肝脏功能，使之活性化。

甜椒：生吃有排除体内过多酸液的功效，对人体健康有益，特别含微量元素硅，是人体美容最好的蔬菜之一。

牛蒡：具有利尿、发汗、解热、解渴、治腰酸作用的蔬菜，且含丰富的菊糖，对糖尿病、降低胆固醇有益，有提高免疫力之效。

西芹：指粗茎的那种，不是细芹菜。富含丰富的铁、铜、锰，可促进血液净化，但别吃太多，过量则对肾脏有刺激作用。

洋葱：自古就是食用药材，可辅助治疗感冒，并具清除体内毒素的功能，因其含硫，对肝脏特别有益。

口蘑：含丰富有机元素锗，有去除体内杂质、增进身体抵抗力的作用。

莴苣：含有大量铁质，可促进体内新陈代谢、排除毒素。

蒜苗：能净化血液，并可强化肝脏及呼吸功能。

芹菜：具有清净血液、降血压的作用。

白菜：具有清净血液、调降血压的作用。

胡萝卜：含有丰富的维生素K及维生素A，可促进清除体内素毒。

黄瓜：可促进清除肠道的素毒。

口蘑含有丰富的有机元素锗，可增强身体抵抗力；洋葱含硫，可清除体内毒素，对肝脏有益；白菜含有维生素A、维生素C、钙及镁，是物美价廉的初冬蔬菜。

樱桃有助体内排毒，具有净化功能。（左图）
运动前喝柠檬汁可增强皮肤排泄活化功能及排毒作用。（右图）

有助体内排毒的水果

苹果：是有效的血液清洁剂，具降血压之效，可促进淋巴系统功能。

梨：可生津止咳，清除胃肠积热。

柠檬：是水果中最能消除体内毒素的一种，但也是会活化体内原本存在的不活泼的酸性有毒物质的柠檬酸，结果在二者之间产生相互的效果，所以喝柠檬汁时，最好是在运动前，利用运动时皮肤能够增强排泄活力以及排出毒素的作用力，顺便清除肝脏的杂质和发酵产生的毒素。

葡萄柚：有助缓解肝硬化、降低胆固醇，以及预防各种结石病症，餐前吃效果好。但要特别注意，吃防凝固血脂药如保栓通的人不可吃，会产生副作用而使凝血剂失效，并产生副作用，对身体不好。

葡萄：含丰富微量元素镁，常吃较不容易罹患癌症，而且又可排除肠道有毒物体。葡萄皮、葡萄籽对肝脏排毒同样有帮助。不过要注意，吃未熟的葡萄会对血液造成不良影响。

樱桃：有助排除体内毒素，并可促

进内分泌腺的正常作用，特别是黑红色樱桃具有净化胆囊和肝脏的功能。

桃子：因可碱化血液，有助排除体内毒素。

柚子：清除肠内堆积的废物，排水去肿，效果很好。

桃子也是有助于排毒的水果之一。

隔绝生活中可能存在的毒害

除了饮食中的添加物危机，一般可能对身体造成潜在伤害的情形还包括：

餐具的重金属污染：铝锅、瓷碗上的釉彩花纹，在酸性液浸蚀下，释放出铅毒素，毒害内脏。像是酸辣汤或是凉拌糖醋食物，都有可能使瓷器釉彩的金属铅溶解，而随着食物或嘴的接触，食入人体中。

葡萄有助肠道排毒，但吃未成熟葡萄会对血液造成不良影响。（左图）
瓷碗上的釉彩花纹，若遇酸性液浸蚀，会释放出铅毒素。（右图）

塑料容器：目前市面上有许多塑料餐具，其实是不耐高温的，可是一般民众在购买或使用时，可能没注意这一点，而把冷水壶拿来装热茶、用不耐热的PE袋装热食，或者以一般保鲜盒直接装盛食物放进微波炉热菜，这样都可能让食物遭受塑料毒素的污染，久而久之，食用者的肝脏就会受极大伤害。

为避免吃到被黄曲霉毒素污染的花生，选择以吃带壳花生为佳。

镀铝汤锅、电饭锅内锅并不适宜直接拿来烹煮食物。

镀铝汤锅&电饭锅内锅：这类器具的内部都会有一层阳极镀铝，使食物在烹煮时不会直接接触到金属铝，但随着使用时间的增长，这层镀铝可能渐渐脱落，或在清洗时被刮损，此时如果继续使用，这些铝金属污染就会慢慢影响我们的关节，引发难以治疗的病痛。

黄曲霉毒素污染的食品：黄曲霉毒素是一种可能引发癌症的自然毒素，特别要注意容易生霉的食物，尤其是玉米粒及玉米饲料、花生及咖啡豆脱壳后皮上有黑霉点等，最好挑出别食用。

成分不明的药物：在台湾地区乡村盛行将类固醇西药推广成健康食品，打出对抗感冒及全身酸痛的疗效，该药丸被称为“美国仙丹”，过量食入，小脑损坏严重。

马铃薯：其紫红、绿色芽含有龙葵素，不小心误食，会引起中毒、腹痛、头晕、泻肚、胃胀。

抗生素：养猪、养虾、养蟹业均大量施用，致使这些食物本身残留大量抗生素，消费者对没有经过卫生单位检疫的食物要特别注意。

饮用水：饮用水中添加氯化石灰，产生氯气以达杀菌之效，自然水厂将消毒氯气含量控制在1～2毫克/千克以下，送到消费者家中为0.5毫克/千克以下。水煮沸后2～5分钟，借水蒸气同时升华减轻氯素。

西药对肝、肾新陈代谢的伤害：我们身体只要感到不舒适，多会去找医生看病，医生也会开至少两天的药给我们带回家服用。实际上，西药的药剂比所有的食品添加物毒性都强，尤其是类固醇及抗生素。我们服用药物时，身体多处于半弱期，代谢功能也较差，我们吃进身体的毒素越多，所需代谢排毒的时间也就越长。中毒时间越长，我们的肝脏及肾脏所受的伤害就会越大。所谓药是一体两面，读者要多注意了！

保护身体健康的7大原则

1.避免吃高蛋白、高脂肪的饮食。

2.日本人的胃癌发生率为美国人的10倍，日本人的胃常消化不良，而美国人的肠胃强壮，消化酶足够。日本人胃不舒适吃胃药，美国人胃不舒适服用消化酶的补充剂，避免吃胃药伤胃。

3.切勿暴饮暴食，会对身体造成很大的负担与伤害。

4.尽量在就寝前的4～5小时用完晚餐，睡觉时让胃保持在自然状态。

5.药，基本上都是毒剂，以为中药没有副作用，不会危害身体？错！不论中西药都具有一定毒性，读者要记得一句重要的话，在选择药物时，效果强的药、具有连效性的药，相对地对身体的伤害也比较厉害，乡村的黑药丸、类固醇之类毒害最大。

6.健康关键在“酶”的量。酶是生物细胞内制造出来的蛋白质触媒的总称，生物进行生存所需有活性的酶，其活性广、对健康状态有极大的影响。体内活动酶超过5000种，同时在体内制造的酶中，由肠内细菌制造的就高达3000种。

7.有下列饮食习惯的人属于大量消耗酶的人，例如，常吸烟、喝酒、暴饮暴食、喜爱吃到饱的、饮食食品中含有食品添加物，以及外压力大、生活环境使用大量药物的、常暴露在紫外线、放射线、电磁波之下的人，都会制造大量的自由基，想消除体内的自由基需消耗大量的酶。尤其是抗癌剂对原生酶的破坏力最强、最大，因为抗癌剂是毒性最强的药物，如何抑制原生酶的消耗，是治疗疾病、保持健康长寿的秘诀。

危害性命的饮食常识

哪些饮食常识可能危害性命呢?

牛乳：说牛乳是最不易消化的食物绝不为过。口渴时用它取代水来喝，这是很大的错误。因为市售牛乳都经过均质化，空气混入牛乳中，使脂肪成分变成过氧化类脂物，即氧化过度的脂肪，100℃以上高温杀菌，蛋白质也会因高温而变质，是非常不好的食物，更没有重要的酶。如果用市售牛乳喂小牛，据说小牛四五天就会营养不良，因为未含维持生命的酶。但若以75℃低温瞬间杀菌，就好多了!

市售牛乳经过均质化后重要酶已消失，若用来喂小牛，会造成小牛营养不足。

饮用过多牛乳反而容易骨质疏松。原因是人类血液中的钙每100毫升经常保持在9～10毫克，但喝了牛乳后，血液中钙浓度上升。当血液中的钙浓度快速上升，身体为了保持恒常性，会将血液中多出的钙由肾脏排至尿中，反而会减少体内钙质量，所以四大酪农国——美国、瑞典、丹麦、芬兰人罹患骨质疏松症的比例较高。

酸乳：可缓解肠胃便秘。便秘改善、腰围缩小主要是分解乳糖的“乳酸酶”的作用，这类酶会随着年龄增长而减少，不要喝了酸乳引起轻微腹泻，便错觉以为是乳酸菌治好了便秘。

※肠道是吸收营养的入口大关，健康的第一道防线。且肠道内菌群很多，随饮食及生活压力影响而改变，尤其肠道内有70%的淋巴组织，所以要维持肠道健康、增添菌群好坏平衡。胃酸可杀死一般乳酸菌，但雷特B菌可经过胃酸与肠道胆酸的考验，为优质乳酸菌，在肠道内可洁净肠道、去毒。

错误习惯决定寿命长短：你的健康由你吃的食物来决定。我们的身体靠每天的饮食供给养分，所以身体的健康或病痛都是由日常饮食累积所致，尤其是癌症、心脏病、肝病、糖尿病、高血压、高脂血症等。过去这些疾病被称为成人病，日本厚生省改称为“生活习惯病”。有一句医生说的总结语：如果想要健康长寿，绝对不可依食物好吃与否或自己的好恶来选择食物。

有哪些食物会造成上列所述成人病？注意，就是从年轻时就习惯吸烟、喝酒、以肉食为主、很少吃蔬菜水果，并且大量摄取牛乳、酸乳、奶油等乳制品，到了60岁左右，一定会出现成人生活习惯病。若持续大量荤食，不论正负面都能形成可观的疾病力量。

读《不生病的生活》心得分享

读全美首席肠胃科医生新谷弘实的健康秘诀著作《不生病的生活》一书我有所体会。其最要紧的要点是：维护健康的主权握在自己手中。其次是我写的这本书中有很多重点也都包含了不生病的生活，有着异曲同工之妙，主要是书中有许多连我也误会及不正确的认识，我在这里特别一一提出。

新谷医师提出所谓的“奇妙的酶”是指人体内的基本酶。这个基本酶就是指人体内有五千种以上不同用途的酶，都是由基本酶组成的，故不可随便乱用，因为特定酶必须使用在必要的地方，如果想实际运用，还是回归到如何选择食物、如何饮水、如何养成良好习惯上才是上策，如此才不会让我们的错误观念或不正确的生活习惯将基本酶给浪费了。

“压力”是我们人的基本责任，但也因为有压力才会生病，所以在平日生活中要去减少压力，才有机会抑制自由基的产生，进一步让我们肠内的益生菌增加，再进一步使人幸福及产生快乐感，如此来达到所谓的“幸福循环”。

以下是新谷医生的“懂得正确的食物吃法”条例：

第一条 **懂得正确的饮水法。**

第二条 **养成正确的生活习惯。**

第三条 **充分地休养与维持适度的运动。**

第四条 **多吃新鲜含酶的食物**，每日咀嚼30～50次，不易消化的食物要咀嚼70～75次，自然口中所分泌的唾液和酶就会增加。

懂得吃正确的食物才可让身体健康，幸福循环。

常识≠正确知识

我也整理一些新谷医生在他一生医治病人中发现的问题，写在他的著作《不生病的生活》中的“相信常识是危险的”章节，这也是我一生中第一次见到这样的说法，所以特别找出来与读者分享。

原来多喝水要慢慢喝

不生病的最大关键首先就是喝好水；选择好的水确实补充水分，要一口一口地喝，不是一大杯地灌入肠胃。慢慢喝下500～700毫升，温度20℃左右（会吸热瘦身）的水，20分钟后先吃含有丰富酶的水果，30～40分钟后再吃正餐。水在体内最重要的作用就是改善血液循环，促进新陈代谢，排出体内废物和毒素，如二噁英、各种环境污染物、食品添加物等致癌物质，可借由喝水排出体外。

喝水少的人容易生病，摄取大量好水可以减少感冒，活化免疫细胞、防御病毒不易入侵。读者知道吗？水进入全身60兆个细胞，提供养分、生产能量、排

每天至少要补充1500毫升的白开水，茶、咖啡、饮料等皆不算在内。

除自由基，且能让酶充分发挥功能。人每天排泄，包括蒸发汗水，合计要2500毫升水分，所以每天至少补充1500毫升也就是7～8杯的水。

但读者要注意，别误解多喝了茶、咖啡、碳酸饮料、啤酒等于喝了水，虽然这些可补充血液中的水分，但是，因为饮料中的糖分、咖啡因、酒精、食品添加物等是脱水凶手，在血液中夺取水分，使血液变得黏稠，也容易引发在桑拿中常出现的心肌梗死或脑梗死。

原来PET瓶的水久放后还原力会降低

读者一定会问，什么样的水才是好水？新谷医生也有提出：还原力强的水才是好水。

自来水中除了含有杀菌消毒的氯水外，还有三卤甲烷（Trihalomethane）、三氯乙烯

大量摄取好水可减少感冒，活化免疫细胞，防御病毒使其不易入侵。

（Trichloroethylene）、二噁英，虽说含量是安全的，但是自来水是含有微“毒性”的水却是事实。同时，氯进入水中时带很强的活性氧，微生物会被杀死，但自来水就变成氧化水，若是经过净水器的还原水则是好水。

那么矿泉水呢？要看钙和镁是否均衡。矿泉水中，钙喝进体内会聚集在细胞内，如果钙、镁均衡就不会让钙过度积在细胞内，也就不会成为动脉硬化和高血压的原因。但读者要注意下一个问题，就是矿泉水装在PET瓶中，长时间放置其还原力会逐渐降低。

每天大量饮用20℃“好水”会有瘦身效果，因为20℃升到体温的37℃必须消耗30%的热量，相反的，若喝太冷的水会使身体突然冷却，可能造成腹泻或身体状况失调。

原来日常生活习惯会决定人的健康

新谷医生说：有方法可以让人不生病又长寿，那就是：减少烟酒等嗜好品、食品添加物、农药、药品、精油、压力、环境污染、电磁波，就等于尽量少消耗人的基本酶，维持健康。

有一句医生的肺腑之言：“身为医师不论如何努力，单纯的治疗是无法使病患健康的”。改善病患的日常生活习惯，比手术、投药更为重要。自己的健康由自己来维护，“我不想生病”。简单地说，是否健康，依个人的饮食生活习惯而异，食物、水分的补给、有无不良嗜好、运动、睡眠、工作、压力等每天的累积，最后会决定一个人的健康状态。

天然的新鲜浆果，含有丰富的花青素。

吃优质好食

正确摄食的5种基本概念

所谓的好食材该怎样选择呢？摄食的方式如何才算正确？

不吃“生锈”的食物

“生锈”食物就是指容易与氧结合，表面变褐黑的食物，最好在氧化前食用和料理。

“生锈”的食物就是指与氧结合的食物，会产生自由基，破坏细胞基因而致癌。例如：

❶油炸食物后油变黑：主要是因为其强大的氧化力。

❷削皮苹果：放一段时间变黑，马铃薯也相同。

❸过期的食物：这里指氧化过度的食物。

对抗氧化的食物

❶红酒：
有抗氧化的多酚（Polyphenol）。

❷大豆：
大豆异黄酮（Soy Isoflavone）。

最易氧化的食物就是油脂

溶剂萃取法：经高温高压取得的油脂会产生对身体非常不好的反式脂肪酸（Trans fatty acids），增加坏胆固醇，减少好胆固醇。

所谓人造奶油、棕榈油、酥油（Shortening）等，都是以植物高饱和脂肪酸为原料的植物油，一般人认为这是非动物性油脂，不会有胆固醇，对身体有益，其实这是最严重的错误，尤其是市售饼干、零食、速食店的炸薯条等，都大量使用酥油，而棕榈油则是饼干、零食、糕饼、素食店、便当店为了减轻成本而使用的，然而棕榈油属于高饱和脂肪酸，会使人类心脏循环、器官、脑及皮肤产生疾病。

食用保持天然形态并含有脂肪的食物

直接食用谷物玉米、豆类、坚果或植物种子，如芝麻等，这些食物都含有天然脂肪，这是最健康的油脂摄取方式。

肠胃科名医新谷弘实的饮食健康法

饮食以谷类和蔬菜为主，占75%～85%；肉、鱼、乳制品、蛋等动物性食物尽可能减少，占15%～20%。

※理想食物：植物性占85%＋动物性占15%。

※理想比例：谷物（豆）占50%、蔬菜水果占35%～40%，动物性食物占10%～15%。

食材温度引发的蝴蝶效应

有一则新谷医生认为的重点，我感到很有价值，特别摘录如下。

牛、猪、鸟的体温为38.5～40℃。鸡的体温更高，约41.5℃。比人类体温高的动物，在它们体温状态下脂肪最为稳定，但脂肪进入体温较低的人类体内就会凝固，使人类血液变成黏稠状，导致血流恶

即便美食当前，还是不要放纵自己的肠胃，以适量、均衡为原则。

化，在血管中停滞或阻塞，这称为“血液的污染”。

体温低于人类的鱼，其脂肪进入人体内会加速血流、减少坏胆固醇，

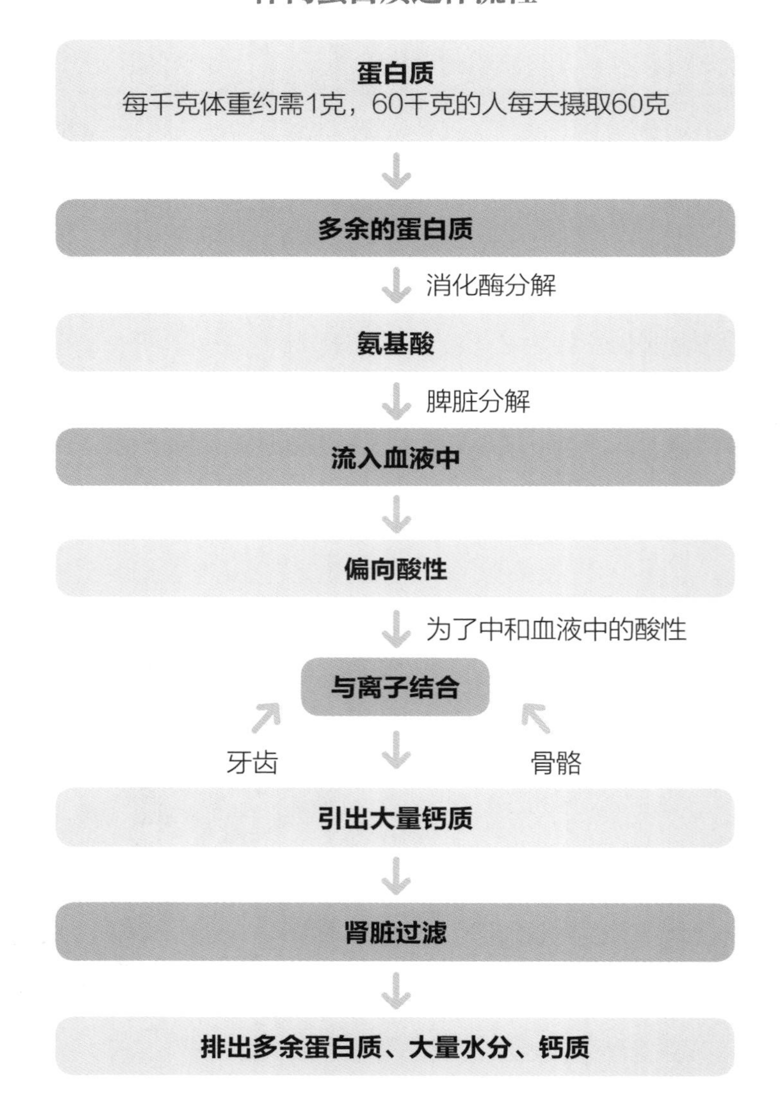

同为动物性蛋白质，以摄取鱼，尤其是深海鱼为佳。

体温高于人类的动物肉会污染血液，尤其是吃自助。吃自助的饮食行为中，动物肉的摄取量经常会过量，造成肠胃无法完全分解、吸收，便会在肠内腐败，制造大量毒素，如硫化氢、吲哚（Indole）、甲烷、氨、组织胺、亚硝胺，并且还会制造出自由基。为了化解这些毒素，肠道和肝脏必须大量消耗原生酶。

充分咀嚼，吃八分饱

医生强调每食一口要咀嚼30～50次，若是坚硬不易消化的、不好咀嚼的食物以70次为佳，人们可以从咀嚼中得到充分旺盛的酶与胃液、胆汁等，混合后可帮助消化。同时，这样的咀嚼进食方式也会杀死寄生虫。多注意控制食量，避免在肠内腐败，尤其是常放臭气的人，肠胃一定有问题，都是吃的过多未消化，在肠内腐败所致。所谓长寿的人生，医生说不必外求，重要的是均衡地摄取好的食物、充分咀嚼。节省基本酶、保持健康身体、享受快乐的生活且瘦身。

若夜里实在难忍饥饿，医生建议吃少量新鲜富含酶的水果。另外，进食前1小时喝好水，可以减少血液中的胆固醇和中性脂肪。还有刚起床补给水分500毫升、中餐前与晚餐前皆喝水500毫升，肠胃因为有水滋润，可活化免疫细胞，防御病毒、霉菌侵入。

改变食品状态的添加物——金属离子螯合剂

所谓金属离子包括Fe^{2+}、Cu^{2+}、Ni^{2+}、Zn^{2+}、Co^{2+}、Mn^{2+}、Ca^{2+}、Mg^{2+}，以上这些离子在食品中或与食品接触的水中能促进食物初期的氧化，造成食品各种不良的变化，如变色、变味、软化、褪色等。但事实上有些化学药品可以同上述的金属活性离子螯合，在该金属离子的周围形成一个包围环状，而使活性的离子不能促进食品初期的氧化，变成为抗氧化剂或金属离子封锁剂，例如，EDTA（Ethylene Diamine Tetraacetic

Acid）及其钙、钠盐。

◆基本观念，复合物发生的程度可由：

M（金属）+L（封锁剂）→ML

◆反应的平衡常数*K*表示。

K=〔ML〕封锁/〔M〕〔L〕未封锁的金属比例

应用EDTA钙、钠盐（食品级），其中钙会被Fe^{2+}→Cu^{2+}→Ni^{2+}→Zn^{2+}→Co^{2+}→Mn^{2+}→Ca^{2+}任何离子取代（Mg^{2+}除外），EDTA·Na_2可用以控制某种系统中钙及镁的量。

◆因金属活性离子（缓冲剂）而造成的变色：

1.马铃薯削皮后变灰色（铁）。

2.罐头玉米变绿灰（铁、铜、铬）。

3.甘薯及西兰花表面变暗绿（铁）。

4.绿豌豆褪色。

5.新鲜甲鱼的变色。

6.龙虾及螃蟹肉罐头中生成的玻璃状如豆腐的晶体。

◆抑制金属离子直接与食品成分产生变色组织而劣变及生成沉淀，可添加一定量的EDTA钙、钠盐

1.保留豆类色泽→红豆添加300毫克/千克。

2.整支或奶油状玉米→用100～200毫克/千克。

3.防止茄子、豌豆、西兰花变暗→加200毫克/千克。

4.口蘑罐头→杀菌后防止变色加

豆类罐头食品容易因加工杀菌过程而发生褪色、变暗、变味的情形。

200毫克/千克。

5.腌黄瓜色香味的保留用100毫克/千克。

6.防止马铃薯加热变黑→0.1% EDTA·Na_2。

7.用Al_3SO_4使pH调到5.5以下效果更好，残存量100毫克/千克以下。

8.蔬菜经洗涤可延长储存期限，加入1%EDTA·Na_2，可以抑制霉菌的生长。

9.腌菜打开盖后存在冰箱中，添加EDTA·Na_2可持久保留香味。

◆焦磷酸钠（Sodium Pyrophosphate）

外观：白色结晶粉末，1%水溶液的pH为10，具有较强的pH缓冲作用，对金属离子有一定的螯合作用，用途很广。

作用：也可当乳化剂、缓冲剂、螯合剂、胶凝剂、稳定剂等。

应用范围：肉类、甜不辣、火腿，添加后能让水分不跑掉，也属于保水剂。

1.加入本剂6：4（鱼肉6份：本剂4份），可增强鱼浆制品弹性。

为防止口蘑杀菌后变色，也会添加金属离子封锁剂在内。

2.乳酪：增加柔软性、延展性。

3.酱油：防止变色，使酱油色泽鲜明。

4.果汁：可防止外加色素变色，增加黏稠性，并有胶质分散作用。

5.具有毒性：有大剂量使用致肾结石的报道。

油炸食品是最危险的食物

油炸食品是最危险的食物，你知道吗？下列数值提供你看看。

新鲜的油酸价0.1～0.2毫克KOH/克→反复油炸过久→酸价超过10倍（1～2 毫克KOH/克）→高

温发烟产生。

1. 饱和脂肪酸升高——坏胆固醇增多。
2. 过氧化物——与人体老化癌症有关。
3. 丙烯酰胺——致癌物。

※希望读者明白，新旧油切勿混用，应丢弃。用凉拌及蒸煮代替油炸及煎是好的烹调方式。

要摄入身体所需的营养

吃什么食物最营养、对身体最好？平衡的食物最营养，对身体最好。原因何在？

因为万物皆有生命，皆有其独特的生长特性，进而给予根基生命的基础，每种食物都有其生物营养的特性。我们人类最聪明，

香酥的油炸食品令人喜爱，但要小心用油问题。

懂得利用万物独特的营养特性与种类，吃下各种各类的食物来达到营养平衡，使人类的身体走上健康幸福的道路。

人类从小到大在食物中摄取蛋白质、碳水化合物、脂肪、维生素、矿物质，这些基本营养素存在于各种动植物体内，有的多，有的少，有的对我们身体的健康会有重大影响。我们都必须知道每一种食物的营养素含量、种类，然后不要养成只吃你喜欢的那几种食物，或不吃不喜欢的那些食物，因此慢慢造成身体营养素的不均衡，而走上疾病道路。所有的医生都有一句共同的至理名言：“医食同源也”，就是这个道理。

我列举一例，人在妈妈怀胎时就开始吸收各种营养，不过营养太多太少都不好。同理，只有均衡地吃入营养食物，身体才会自然健康。

还有一个在家庭内最现实的例子，就是父母亲不喜欢吃的那些食物，小朋友也就跟着不吃，于

是也就缺乏了那些营养。我记得有些小朋友的身体器官吸收营养特别地好，但就是因为爱吃麦当劳炸鸡，结果让身体的营养不均衡，就产生了皮肤过敏；以及跟着父母爱喝咖啡，造成身体过动不得安静。还有青少年的朋友在10岁到17～18岁，正当发育年龄，营样素更是绝对不可缺少，而且更要注意身体，此时正在快速地长高，要吸收各种营养素，尤其是蛋白质（大多从牛肉中来）更不能缺少，这些实例已经说明得够清楚了，若真要说有一失败之处，就是你不仔细去挑选食物、配合均衡营养，当然家庭的幸福就会少，不是吗？

马铃薯——厨房的安心食物

马铃薯是抗老减肥的最新食材。马铃薯原是德国人的主食，富含膳食纤维，吃少量即会有饱腹感，是减肥的最佳食材。

马铃薯含有维生素B_1、维生素B_2、维生素B_6与膳食纤维，而且富含氨基酸、蛋白质、优质淀粉，吃得饱还营养丰富，又能促进人体最重要的新陈代谢，是近年来抗衰老的食材。若切生片贴在脸上，又可美白去斑，而且也没有副作用。唯一要注意的是，必须储藏在冷的地方，且不可让阳光直射。

马铃薯是欧美人的主食之一，也是抗老减肥的最佳食材。

厨房常见调味酱疑问

围绕在我们日常生活中最常见到、吃到的那些普通调味酱，总认为使用不多，经常被我们忽略。不过在积少成多之下，还是要小心应对才是上策。那么多种类的调味酱中，究竟有哪些成分需要特别注意呢？我特别在此提出指明，并请读者在选购这些酱料时要特别小心。

成分：味噌、砂糖、味淋、香辛料（大蒜）等，这些是没有问题的。

但下列成分则有些疑虑，要问清楚。

1.酒精：药用或食用？

2.乙酰化己二酸双淀粉：是何种淀粉？食用还是化工用？

3.辣椒酱、豆腐乳：为何不说明成分？有防腐剂吗？

4.调味剂：葡萄糖酸-δ-内酯，这是做饼干的膨松剂、做内酯豆腐的凝固剂，与高级鱼肉炼制品的保存剂。

5.冰醋酸：这是化工制造，若要食入人体为何不用纯米醋？

6.糊精、酵母抽出物、氨基乙酸：多为醋酸钠、溶菌酶、脂肪酸、蔗糖酯（乳化剂）、玉米糖胶、焦糖色素、香料等都是化学品，吃入那么多非天然成分，身体负担得了吗？

有些市售的关东煮高汤是以调味剂调出鲜甜味口感的。

成分： 糖、番茄糊、食盐、辣椒等都是天然制品。

有问题的为：

1.调味剂：没写成分，一般若是添加的味精就不会写出。

2.黏稠剂：使用的是哪一种淀粉？

3.黄原胶：属于化工水解淀粉。

成分： 纯酿酱油中的糖、盐是天然的，没有问题。

有问题的是非天然调味剂，多半不会写，不知道成分是什么。

1.黏稠剂：使用哪一种淀粉？

2.黄原胶：这是化工产品。

成分： 番茄糊、砂糖、食盐、莳萝、丁香等属于天然食品。

非天然的化工添加物有：

1.黏稠剂：乙酰化己二酸双淀粉。

2.冰醋酸：化工产物。

成分： 糖、黄瓜、食盐、红椒、姜黄等是天然食品。

非天然添加物则有：

1.乳酸钙：化工食品。

2.调味剂：化工食品。

3.黏稠剂：淀粉、黄原胶也是化工食品。

成分： 辣椒、糖、食盐等为天然食品。

非天然添加物有：

1.香辛料：没标示，不知道是哪些成分？

2.调味剂：没标示，成分为何？

3.黏稠剂：淀粉、黄原胶，为化工食品。

你可知生活中我们常吃到的酱料成分是什么吗?

成分：天然蔬果风味萃取物、萃取液，如海带、猪骨、柴鱼、冬瓜、洋葱、香菇、苹果、西芹等，以及砂糖、食盐、水、纯酿造酱油，属于天然食品。

非天然食品有：

调味剂：核苷酸、冰醋酸、酒精等均是化工食品。

食品加工教父的27条叮咛

1 正确饮食与生活

（1）健康饮食要均衡，包括五谷类、植物根茎、豆、鱼、肉、蛋、低脂乳、蔬菜、水果、油脂与坚果种子等食物。正常作息，多喝水，保持好心情。

（2）多注意人工改造加工食品、高科技化学食品、农药和化肥残留。

2 1:5均衡原则

吃油炸物1份，要吃蔬菜5份，才能平衡饮食。

3 吃出健康胃

6个原则：

（1）吃八分饱。

（2）少吃高热量食品来降低基础代谢率，多运动、多喝水。

（3）饮食正常，胃酸和胀气少。

（4）均衡饮食。

（5）保持定时大便，不致便秘。

（6）先喝汤、先吃低热量食物。

4 预防阿尔茨海默症越早越好

（1）正常心智活动。　（2）正常体能活动。　（3）有效纾解压力。

（4）饮食：吃少一点，吃对的油、高脂鱼、抗氧化蔬果，吃低升糖指数（GI）的糖类，如糙米、全麦面包。

（5）健康的大脑：开发大脑前额叶皮质区，经常训练，记得和朋友们聚会、聊天，增加人际关系，不要始终不改变生活形态。

外食族最容易吃到高油、高糖、高盐的“三高”食物，平常就要记得饮食均衡。

平时也可以用黑豆泡水喝来加强身体排毒。

5 预防阿尔茨海默症之道

（1）良好的生活方式。
（2）多动脑、多运动。
（3）清淡饮食。
（4）从事休闲活动。
（5）建立人际网路。
（6）控制高血压和糖尿病等危险病因。

6 漂白剂、硫中毒的解毒剂

（1）绿豆汤及黑豆泡水喝。
（2）甘草加金银花煮水喝。

7 “毒鲑鱼”

有些欧美进口的养殖鲑鱼，鱼饲料含13种碳化氯，污染偏高，其中二噁英含量比野生鲑鱼高11倍。

8 大型鱼含汞高

提醒孕妇宜忌口，虾、鲑鱼、鳕鱼含汞量少，深海鱼富含不饱和脂肪酸，对一岁以上的幼儿脑部神经发展有帮助，又可防止血管心脏疾病。

9 抗敏之宝

甘菊。过敏来源：空气污染、压力影响。甘菊比薰衣草对人体的呵护及舒缓作用来得贴心、温和。
原产英国，作用为镇静、镇痛、消炎、解热、强肝脾、驱虫、健胃、止痒、过经、利尿、抗痉挛、风湿、促进消化、软化皮肤、促进胆汁分泌等。

10 荧光餐巾纸

含高剂量灾光剂苯环，会致癌，由波长365纳米紫外线照射检测而证实。

11 外食族的危险——“三高”

高油，市面多使用高热量棕榈油、酥油料理；高糖，代表高热量；高盐，多使用缺矿物质的精盐，会使洗肾增加。罹患心脏病、高血压的族群中有70%均为外食族。

12 常吃下列美味食品要多小心注意

（1）加入人造虾红素的虾保鲜剂，水中会变成红色。

（2）牡蛎：浸磷酸盐，让牡蛎的吸水性变强。食用后易使人体流失钙离子，造成骨质疏松。

（3）鱼丸如果弹性好，要小心是否添加硼酸钠（硼砂），不容易消化。

（4）蔬果的外表，尤其是进口的，为了光亮美丽，会涂厚蜡，再浸防腐剂福尔马林，恐怕会有甲醛致癌的危险。

（5）若与含农药多的糙米相比，在此角度可认为吃白米比较健康。

（6）切片大的鳕鱼，其体内重金属汞含量也高，毒性也大。

（7）喷洒剧毒农药的韭菜看起来肥胖、叶片大，小心农药残留会致癌。

许多南北干货会添加二氧化硫来漂白，食入后容易引发气喘、皮肤方面疾病。

（8）市场现场宰杀的生鲜食品，常用冰块做外部保鲜，要小心是否添加防腐毒品——甲醇，它会在体内代谢成甲醛，进而伤害体内神经。

（9）含食品添加物的牛肉、猪肉以及病死鸡，都是危险食品。

（10）黄花菜、冬瓜条、虾仁、竹荪：添加二氧化硫，引发气喘、皮肤炎，竹荪可以先泡冷水50分钟，再泡温水30分钟去除二氧化硫。

13 养生保健注意

（1）女性干性或油性肌肤：你常吃生菜沙拉吗？其实，大部分女孩都不太适合，尤其冷底的体质，吃太多生菜沙拉，会造成新陈代谢变差，血液循环不好，导致色素沉淀形成黑斑。

（2）感冒：不要进补热性食物，如麻油鸡、姜母鸭。

（3）丹参：微苦寒，具活血化痰、安神宁心、消痈功效，可使血管扩张，抗粥状动脉硬化，抗血栓形成，保护心肌，增加冠状动脉血流量，抗菌消炎，摄取量10～15克每人。

※注意：一般可切片煮水熬鸡汤。正在使用阿司匹林、抗凝血制剂的人不可使用丹参。

（4）消炎抗癌养生：四神汤（薏仁、莲子、芡实、茯苓、山药、猪肠）。改善慢性腹泻，水肿、便秘者不要吃。

（5）乳酸菌：结合低聚木糖（粉状），有利于排便。

14 花生的黄曲霉毒素

花生是我从小至今最爱的核果类食物，但花生的黄曲霉毒素是所有核果毒素之首，我到超市食品大卖场买过花生粉、花生酱（里面多含有防腐剂、乳化剂），没有看到所贩卖的花

吃花生最好选择带壳的。

生没有黄曲霉生长过的，这也是我目前核果中唯一不敢吃的。唯有买来完整没有剥壳的花生，然后自己剥出来处理才安全，否则十次有九次会买到含有黄曲霉毒素的花生制品，恐怕这也是引起肠癌的最大主因吧！特别提出来请读者购买时小心再小心。

15 小腿抽筋的原因与预防

原因：

（1）血液循环不良；（2）代谢异常；（3）肌肉拉伤；
（4）情绪或压力；（5）环境因素（冷锋过境）。

预防：

（1）忌食空心菜（冷体菜）；（2）足部保暖；（3）适量运动；
（4）多喝牛乳、吃小鱼，茶与辛辣不可吃；
（5）热敷泡脚37～45℃。

16 帮助入眠的食物

（1）含色氨酸的燕麦、坚果、酸乳、猕猴桃，这些属于天然安眠食物，可放松心情，减缓神经活动。
（2）B族维生素。
（3）铁、钙，缺乏时导致肌肉易酸痛、失眠。
（4）精油、薰衣草、洋甘菊。

17 秋燥症

秋冬季节，天冷干燥，尤其是熬夜、抽烟、不爱喝水、爱吃炸、烤以及辣味食物，久坐、不爱运动，都是引起内外干燥症状的主因。

日常饮食首先注意多补充水分，特别是吃含铁质的水果，如桃子、李子、葡萄、樱桃，多吃黑木耳、山药、海带等富含植物胶质的食物，桑葚、酸梅适量，当归、川芎补血气。

秋冬润燥可多吃枸杞（10克）、菊花（5克）、决明子（3克），沸水冲泡。

但是烧酒鸡、羊肉炉、姜母鸭、十全大补汤等温补食材都应避免，那些美味都属于燥热食物。

燥热食物：如油炸食品、胡椒、辣椒、沙茶酱、花生、巧克力，水果如芒果、荔枝、榴莲，均会伤阴化燥，导致燥症，皮肤干燥。

气血通畅，自然生津止渴，滋润五脏六腑。

18 肝脏保护法

每日三餐多变化，不吃重复食物，要含微量元素Ca、Mg、Cu、Fe、Zn，避免高油脂、高热量、高蛋白食物。

19 健康排毒三要素——解毒功能

（1）**芽菜**：绿豆芽、黄豆芽、花生芽、西兰花菜芽、紫甘蓝叶、菜花苗、荞麦芽，可防骨质疏松、降低血压。

（2）**发酵食品**：非快速腌的糖醋腌渍品，必须经过乳酸菌发酵产生乳酸才算为发酵食品，对肠胃有益，助新陈代谢。

（3）**好水**：好的水含矿物质多，助身体新陈代谢，排毒有效果。

芽菜类是很好的排毒蔬菜。

20 排毒：可清除肾脏负担的水果与方法

（1）40粒葡萄（相当于2个苹果的热量）。

（2）樱桃。

（3）草莓。

（4）空腹饮淡盐水，清除肠胃。

（5）早餐热食，可保护肠胃及提升免疫力。

植物固醇（Phytosterol）可以去除体内坏胆固醇。

21 台湾地区疾病死亡排行

第一位是恶性肿瘤，第二、三位是脑卒中、心脏病。一般由颈动脉超声波了解

美食当前也应多选择以高纤维、蔬果类为主的餐食，避免肥肉上身。

健康状况。急需检查者：吸烟者、肥胖者、有高血压、糖尿病、高脂血症、脑卒中者。

22 肥胖的原因

多半来自于长期压力，因压力会促进身体分泌大量糖皮质激素，作为修复备战用的脂肪，因而导致肥肉增加、身体肿胖，尤其腹部凸起，臀部下垂宽大。囤积脂肪另一因素是运动量太少。

早餐不吃、省吃会造成集中过食，根据医学实验，餐食次数越少，肠胃吸收越强，一次摄入食物过多也是肥胖主因。

23 减肥四大法则：

（1）抑制食欲——吃纤维多的蔬菜水果。

（2）阻断吸收——利用酶分解脂肪。

（3）提高脂肪代谢率——运动。

（4）建立肌肉使其结实，使深层脂肪消失。

24 痛风

产生原因：吃得太好，高尿酸、嘌呤代谢异常（男性大于7毫克/分升，女性6毫克/分升。

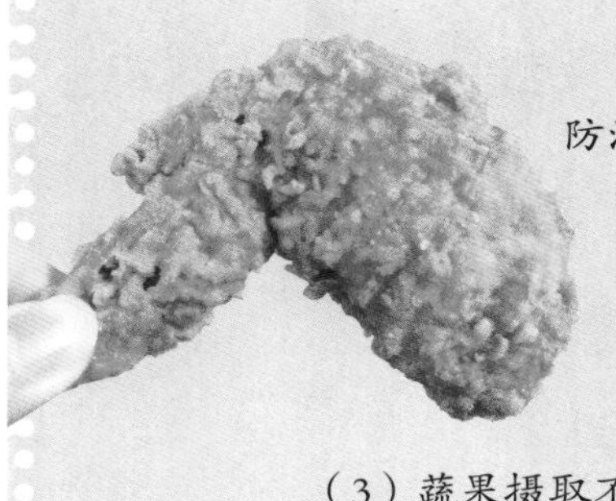

防治方法：先革除5大食物及坏习惯。

（1）高蛋白、高嘌呤：豆腐、豆浆、芦笋、菇类、菠菜等食物要少吃。

（2）高油、高热量：包括盐酥鸡、炸鸡、巧克力、蛋糕、羹汤面，脂肪会抑制尿酸排出。不饱和脂肪酸不限。

（3）蔬果摄取不足：维生素C一日不足200毫克。

（4）喝太多含糖饮料，高果糖会使尿酸堆积，乳制品、低脂乳较好，可增加钙。

（5）水分摄取不足：每天应喝2～3升水。

25 食物的防腐剂

粉圆、糕饼、珍珠奶茶：以己二烯酸当防腐剂，若使用过量会造成肝肿瘤。增白剂对苯二酚对光敏感，通常在晚上才使用，允许的添加量在4%以下，主要是避免见光分解速度过快而失去防腐效果。无水醋酸属于防腐剂的一种，已禁用，却常见滥用于乳酪、奶油、人工奶油中，添加之后会让产品蓬松，例如粉圆吃起来特别香Q松软，食用后有20%～25%去水醋酸会残留于人体，对身体有害。香肠常加防腐剂亚硝酸盐，会致癌。

26 农药残留

所喷洒的农药属于神经毒药，鲜花喷上农药后，闻了会造成神经中毒。

27 现代食品成分大观

◆山东省生产的畿田道乌冬面（乌龙面）

主成分：小麦粉、盐、食品添加剂（海藻酸钠、乳酸）。

有些糕饼业者为延长食物保存期限，会添加不当的防腐剂，要小心注意。

◆**韩国生产的冷藏面**

主成分：小麦粉、淀粉、麦芽糊精、谷蛋白（面筋粉）、乳清蛋白粉、增稠剂（卡拉胶、黄原胶、玉米淀粉）、乳化油脂、大豆油、乳化剂、甘油脂肪酸酯、食用酒精、矿泉水、酸度调节剂、乳酸、麦芽糖醇、醋酸钠、柠檬酸钠、醋酸、苹果酸、柠檬酸、玉米油。

※卡拉胶具毒性。

◆**日式乌冬面**

主成分：小麦粉、谷朊粉、食品添加剂、醋酸酯、淀粉、海藻酸钠、乳酸［糖发酵法生产的L（+）乳酸］、水、食用盐。

◆**新Q种面包**：面团里面添加纯糯米粉，沸水烫面，面团黏稠度高。

主成分：面粉、糯米粉、酵母、奶粉、砂糖、盐、全蛋、乳化油改良剂、乳化剂、奶油、麻薯。

◆**西式甜点**：核桃松饼。

主成分：面粉、白油、杏仁粉、糖粉、蛋黄、朗姆酒、麦芽糖、葡萄干、碎核桃、冬瓜糖。

◆**婴儿成长阶段宝宝营养**：8种谷类营养麦精。

主成分：脱脂乳237克，多种谷类39克（小麦、米、燕麦、大麦、裸麦、小米、高粱、玉米）、糖、乳清蛋白、植物油、蜂蜜3克、磷酸氢钙、乳化剂（卵磷脂）、多种维生素（维生素C、烟酸、维生素E、维生素B_5、维生素B_1、维生素B_2、维生素B_6、维生素A、叶酸、维生素K、生物素、维生素D_3、维生素B_{12}）、香草香料。其他营养成分。

◆**番茄牛肉干**

主成分：牛肉、砂糖、酱油、盐、天然香辛料、己二烯酸（防腐剂）、亚硝酸盐（保色）、食用色素黄色5号、红色6号。

保鲜期：180天（6个月），袋内加脱氧剂。

图书在版编目（CIP）数据

解毒现代加工食品 / 曹健著. — 北京 : 中国轻工业出版社， 2016.8

ISBN 978-7-5184-0882-5

Ⅰ. ①解… Ⅱ. ①曹… Ⅲ. ①食品加工-普及读物 Ⅳ. ①TS205-49

中国版本图书馆CIP数据核字（2016）第060545号

责任编辑：苏　杨　　策划编辑：李亦兵　苏　杨

文字编辑：方朋飞　　责任终审：张乃柬　　版式设计：锋尚设计

封面设计：锋尚设计　　责任校对：晋　洁　　责任监印：张　可

出版发行：中国轻工业出版社（北京东长安街6号，邮编：100740）

印　　刷：北京顺诚彩色印刷有限公司

经　　销：各地新华书店

版　　次：2016年8月第1版第1次印刷

开　　本：720×1000　1/16　　印张：14.75

字　　数：240千字

书　　号：ISBN 978-7-5184-0882-5　　定价：38.00元

著作权合同登记　图字：01-2014-8039

邮购电话：010-65241695　　传真：65128352

发行电话：010-85119835　85119793　传真：85113293

网　　址：http：//www.chlip.com.cn

Email：club@chlip.com.cn

如发现图书残缺请直接与我社邮购联系调换

141095K1X101ZYW